高等院校化学化工实验教学改革系列教材

U0162924

精细合成实验

主编 徐 森

特配电子资源

微信扫码
- 拓展阅读
- 视频学习
- 互动交流

南京大学出版社

图书在版编目(CIP)数据

精细合成实验 / 徐森主编. — 南京：南京大学出版社，2020.3
ISBN 978-7-305-22986-2

Ⅰ. ①精… Ⅱ. ①徐… Ⅲ. ①精细化工-化工产品-合成化学-实验 Ⅳ. ①TQ062-33

中国版本图书馆 CIP 数据核字(2020)第 037576 号

出版发行 南京大学出版社
社　　址 南京市汉口路 22 号　　　邮　编 210093
出 版 人 金鑫荣
书　　名 精细合成实验
主　　编 徐　森
责任编辑 刘　飞　　　　　编辑热线 025-83592146
照　　排 南京南琳图文制作有限公司
印　　刷 广东虎彩云印刷有限公司
开　　本 787×1092 1/16 印张 7.75 报告册印张 2 字数 210 千
版　　次 2020 年 3 月第 1 版 2020 年 3 月第 1 次印刷
ISBN 978-7-305-22986-2
定　　价 38.00 元

网址：http://www.njupco.com
官方微博：http://weibo.com/njupco
微信服务号：njuyuexue
销售咨询热线：(025) 83594756

前　言

　　精细合成综合性实验课程是为本科学生在完成相应基础化学实验之后向毕业论文阶段过渡的一个重要教学环节,并且是独立开设的一门专业必修课。精细合成综合性实验涉及了精细化学品的合成。精细化工产品是工农业生产、国防工业以及新科技开发不可缺少的物质基础,本课程紧密结合实际,从常见的精细化工产品:表面活性剂、日用化工产品、医药中间体、新型功能材料、染料、香料等中选取典型的实例,通过系统的实验使学生熟悉精细化工产品实验的基本知识、实验技术、制备技术、复配技术,掌握典型精细化工产品的特点、用途、常规实验操作法、分析方法及精细化工小产品配方。通过实验教学的形式,培养综合运用知识,正确观察,思考和分析实验过程;熟悉专业实验常用的仪器、设备及其操作方法,并掌握较多的精细化学品制备的方法、技术及实验数据处理和解决实际问题的能力,为将来从事精细化学品的研究、开发和生产打下坚实的实验基础。

　　本书的编写过程得到了许多老师的大力帮助,在此向他们表示衷心的感谢。限于作者的水平,本书的错误和缺点在所难免,敬请批评指正。

编　者

2020 年 1 月

目　录

第1章　精细合成综合性实验基本知识

1.1　精细合成综合性实验安全知识

一、实验室消防知识与用电安全

1. 实验室消防

实验室常用的消防器材如下：

（1）灭火砂箱

用于扑灭易燃液体以及不能用水扑灭的火灾，如：危险品引起的火灾。砂子能隔绝空气并起到降温作用而灭火，但砂中不能混有可燃性杂物，并且要保持干燥。限于砂箱的体积及存砂量，只能扑灭局部小规模的火源；火势太大，可用不燃性固体粉末扑灭。

（2）石棉布、毛毡或湿布

用于扑灭火源区域不大的火灾，也可用于扑灭衣服着火，通过隔绝空气达到灭火的目的。

（3）灭火器

① 水基型灭火器

适用于扑灭实验室的一般性火灾，但由于水基物质导电，故不能用于扑救带电设备和金属的火灾。

② 洁净气体灭火器

适用于扑灭电器设备的火灾。

③ 二氧化碳灭火器

通过降低空气中的含氧量，达到灭火的目的，因此要注意防止现场人员窒息。

④ 干粉灭火器

可扑灭易燃液体、气体、带电设备引起的火灾。

2. 用电安全

人体若通过 50 Hz、25 mA 以上的交流电时会发生呼吸困难，100 mA 以上则会致死。因此，安全用电非常重要。在实验室用电过程中必须严格遵守以下的操作规程。

（1）防止触电

① 不能用潮湿的手接触电器；

② 所有电源的裸露部分都应有绝缘装置；

③ 已损坏的接头、插座、插头或绝缘不良的电线应及时更换；

④ 必须先接好线路再插上电源，实验结束时，必须先切断电源再拆线路；

⑤ 如遇人触电，应切断电源后再行处理。

（2）防止着火

① 保险丝型号与实验室允许的电流量必须相配；

② 负荷大的电器应接较粗的电线；

③ 生锈的仪器或接触不良处，应及时处理，以免产生电火花。

如遇电线走火，切勿用水或导电的酸碱泡沫灭火器灭火。应立即切断电源，用沙或二氧化碳灭火器灭火。

（3）防止短路

电路中各接点要牢固，电路元件两端接头不能直接接触，以免烧坏仪器或产生触电、着火等事故。

（4）实验开始前，应先由教师检查线路，经同意后，方可插上电源

二、实验室环保知识

实验室排放的废气、废液、固体废弃物及其污染不经过必要的处理直接排放，会对环境和人身造成危害。

（1）废气处理

① 无机酸性气体均在通风橱中排放。

② 无机有毒、有味气体要排到室外或在通风橱中排放。

③ 有机废气要通过通风橱排出室外。

（2）废液处理

① 废酸液可先用耐酸塑料纱网或玻璃纤维过滤，滤液加碱中和，调 pH 至 6～8 后就可排出，少量滤渣可埋入地下。

② 废洗液可用高锰酸钾氧化法使其再生后使用。少量的废洗液可加入废碱液或生石灰使其生成氢氧化钙沉淀，将沉淀埋入地下。

③ 氰化物是剧毒物质，少量的含氰废液可先加氢氧化钠调至 pH＞10，再加入几克高锰酸钾使 CN^- 氧化分解。大量的含氰废液可用碱性氯化法处理，先用碱调至 pH＞10，再加入次氯酸钠，使 CN^- 氧化成氰酸盐，并进一步分解为 CO_2 和 N_2。

④ 含汞盐废液应先调 pH 至 8～10，然后加入过量的 Na_2S，使其生成 HgS 沉淀，并加 $FeSO_4$ 与过量 S^{2-} 生成 FeS 沉淀，从而吸附 HgS 共沉淀下来。离心分离使清液含汞量降到 $0.02\ mg/dm^3$ 以下。少量残渣可埋于地下，大量残渣可用焙烧法回收汞，但要注意一定在通风橱中进行。

⑤ 有机废液要在化学楼外专用废桶中进行焚烧处理。

注：有些废液不能混合，如过氧化物和有机物、盐酸等挥发性酸和不挥发性酸、铵盐及挥发性胺与碱等。

（3）废渣处理

① 无毒废渣可倒入楼外专用垃圾桶中。

② 有毒废渣要根据情况加以化学处理，使其变为低毒或无毒残渣，然后埋入地下。

以上处理，一般要戴上防护眼镜和橡皮手套。对兼有刺激性、挥发性的废液处理时，要戴上防毒面具，在通风橱内进行。

三、实验室意外事故的处理

1. 预防化学灼伤

（1）开启大瓶药品时，如有石膏封口，必须用锯子小心将石膏锯开，严禁用钝器敲打，以免将瓶子击破。开启瓶盖时，特别是热天，切忌脸孔或身子俯在瓶口上方。

（2）强腐蚀类刺激性药品，如强酸、强碱、浓氨水、三氯化磷、浓过氧化氢、氢氟酸、液溴等，搬运时，必须一手托在底部，一手拿住瓶颈；取用时应戴上橡皮手套和防护眼镜；用移液管取用时，严禁用嘴吸，应用橡皮吸球（洗耳球）进行操作。

（3）稀释浓硫酸时，必须在烧杯等耐热容器中进行，边用玻璃棒不断搅拌，边将浓硫酸慢慢注入水中，绝不可将水加到浓硫酸中，也不允许直接在量筒等不耐热器皿中稀释。在溶解苛性碱（如氢氧化钠、氢氧化钾）等发热物质时，也必须在耐热器皿中进行操作，边溶解，边用玻璃棒搅拌。在中和酸碱时，应先行稀释，再进行中和。

（4）取用遇水要发热、易燃和强腐蚀性的固体药品，如金属钾、金属钠、黄磷、生石灰等，必须用镊子或牛角药匙取用，切不可直接用手拿。

（5）在切割白磷和金属钾、钠时，要用钳子钳住固体，小心切割。白磷必须在水下切割，切割后，不用的及时放回储瓶中，尽量缩短与空气的接触时间。要及时处理散落碎片。在压碎和研磨苛性碱和其他危险物品时，也应注意和防范碎片散落。

（6）需要用浓硫酸反应并加热时（如制备乙烯、乙醚、氯气等），要特别小心。首先应仔细检查加热容器是否完好无损，加热时，眼睛要离开装置一段距离；如用试管加热，要缓慢进行，切不可将试管口对着人。

（7）剧毒化学试剂在取用时绝对不允许直接与手接触，应戴防护目镜和橡皮手套，并注意不让剧毒物质掉在桌面上（最好在大的搪瓷盘中操作）。仪器用完后，立即清洗。

2. 意外事故的处理

（1）若遇酒精、苯或乙醚等起火，应立即用湿布或砂土（实验室应备有灭火砂箱）等扑灭。若遇电器设备着火，则必须先切断电源，再用二氧化碳或洁净气体灭火器灭火。

（2）遇有烫伤事故，可用高锰酸钾或苦味酸溶液擦洗灼伤处，再擦上凡士林或烫伤油膏，严重者立即送医院治疗。

（3）若眼睛或皮肤溅上强酸或强碱，应立即用大量水冲洗。但若是浓硫酸，不得先用水冲洗。因它们遇水反而放出大量的热，会加重伤势。可先用干布(纱布或棉布)擦拭干净后，然后用大量水冲洗，再用2%碳酸氢钠溶液(或稀氨水)洗。若碱灼伤，则需用2%醋酸(或硼酸)洗，最后涂凡士林。重伤者经初步处理后，急送医院治疗。

注：液溴灼烧，应立即用酒精或石油醚洗涤，再用质量分数为2%的硫代硫酸钠溶液洗，然后涂上甘油，用力按摩，将伤处包好。如眼睛受到溴蒸气刺激，暂时不能睁开时，可对着盛有酒精的瓶内注视片刻。重伤者经初步处理后，急送医院治疗。

(4) 氢氟酸烧伤时，要引起足够的重视。因为氢氟酸烧伤开始时不明显，病人也无不适的感觉，当稍有疼痛时，说明烧伤已到严重程度。氢氟酸不仅能腐蚀皮肤、组织和器官，还可腐蚀至骨骼。经常是麻痹1～2小时后才感到疼痛。万一被氢氟酸(包括氟化物，它们能水解成氢氟酸)烧伤，应立即用水冲洗几分钟，然后在伤口处敷以新配制的20%MgO甘油悬浮液，同时在烧伤的皮肤下注射10%葡萄糖溶液。

(5) 四氯化碳有轻度麻醉作用，对肝和肾有严重损害，如遇中毒症状(恶心、呕吐)，应立即离开现场，按一般急救处理，眼和皮肤受损害时，可用2%碳酸氢钠溶液或2%硼酸溶液冲洗。

(6) 金属汞易挥发。它通过人的呼吸进入人体内，逐渐积累会引起慢性中毒，所以不能把汞洒落在桌上或地上，一旦洒落，必须尽可能收集起来，并用硫黄粉盖在洒落的地方，使汞转变成不挥发的硫化汞。

(7) 一旦毒物进入口内，可把5～10 mL稀硫酸铜溶液加入一杯温水中，内服后，用手指伸入咽喉部，促使呕吐，然后立即送医院。

(8) 若吸入氯气、氯化氢气体，可吸入少量酒精和乙醚的混合蒸气以解毒；若吸入硫化氢气体而感到不适或头晕时，应立即到室外呼吸新鲜空气。

(9) 热沥青(柏油)烧伤时，千万不能用手去揭已沾在皮肤上的沥青，否则可加重创面皮肤的损伤，加重伤情。清除沾在皮肤上的沥青可用棉花或纱布，沾上二甲苯或氯仿(也可用豆油或菜油)，轻轻擦拭。擦干净后，再涂上一层抗生素药膏。使用氯仿时要注意不宜过多，以防止引起局部麻醉。

(10) 被玻璃割伤时，伤口若有玻璃碎片，须先挑出，然后抹上消炎药水并包扎，并到医院就医。

(11) 遇有触电事故，应切断电源，必要时进行人工呼吸，对伤势较重者，应立即送医院。

1.2 精细化工合成实验的要求

一、实验室一般注意事项

(1) 实验前一定要做好预习，了解相关实验准备工作，以便心中有数，科学安排时间。如要更改实验步骤或做规定以外的实验,应先征得授课教师同意。

（2）实验时要保持肃静,集中注意力认真操作,不得擅自离开实验室或做与实验无关的工作。

（3）严格遵守安全守则。学生进实验室要了解水、电、煤气开关,通风设备,灭火器材,救护用品的配备情况和安放地点,并能正确使用。使用易燃、易爆和剧毒药品时,要严格遵守操作规程,防止意外事故发生。

（4）爱护实验室各种仪器、设备,注意节约水、电和煤气,实验室的仪器药品及材料不得携出室外他用。临时公用的仪器,用后要洗净,送回原处。使用精密仪器时要严格按照操作规程,避免粗枝大叶而损坏仪器。

（5）按规定的量,取用药品和材料。放在指定地方的药品不得擅自拿走。取用药品后,及时盖好瓶盖,以免搞错而污染药品。

（6）实验时应保持实验室和桌面清洁。待用仪器、药品要摆得井然有序。装置要求规范、美观;废纸、火柴梗、碎玻璃等固体物应丢入废物箱,不得随地乱扔或丢入水槽。实验完毕,应将仪器洗净,放入柜内,擦净桌面,洗净双手,关闭水、电、煤气闸门后方可离开实验室。

（7）值日生负责整理好公用仪器和药品,擦净地面,清理水槽和废物箱。检查电源、煤气、水龙头是否关闭,以保持实验室的整洁安全。

二、实验基本要求

为了保证实验的顺利进行,以达到预期的目的,要求学生必须做到:

（1）充分预习

实验前要充分预习教材,同时要查阅有关手册和参考资料,记录各种原料和产品的物性数据,了解实验装置及相关的实验操作,并写出预习报告。实验时教师还要提问,没有写预习报告者或提问时回答不了问题的同学不得进行实验。

合成实验的预习笔记包括以下内容:

① 实验目的;

② 主、副反应方程式;

③ 原料、产物和副产物的物性常数;

④ 与实验相关的实验操作技术;

⑤ 正确清楚地画出仪器装置;

⑥ 以流程框图的形式表示整个实验步骤的过程;

⑦ 完成实验思考题。

（2）认真操作

实验时要集中注意力,认真操作,仔细观察各种现象,积极思考,注意安全,保持清洁,无故不能擅自离开实验室。

（3）做好记录

学生必须准备专用实验记录本，及时、如实地记录实验现象和数据，以便对实验现象作出分析和解释。必须养成随做随记的良好习惯，切不可在实验结束后凭回忆补写实验记录。

记录的内容包括实验的全部过程，如加入药品的数量，仪器装置，每一步操作的时间、内容和所观察到的现象（包括温度、颜色、体积或质量的数据等）。记录要求实事求是，准确反映真实的情况，特别是当观察到的现象和预期的不同，以及操作步骤与教材规定的不一致时，要按照实际情况记录清楚，以便作为总结讨论的依据。其他各项，如实验过程中一些准备工作，现象解释，称量数据，以及其他备忘事项，可以记在备注栏内。实验记录是原始资料，科学工作者必须重视。

（4）书写报告

实验结束后应写出实验报告，其内容可根据各个实验的具体情况自行组织。实验报告一般应包括：实验日期、实验名称、实验目的、原料和产物及副产物的物性数据、反应原理、实验装置图、操作步骤流程框图、实验记录、结果与讨论、意见和建议等，报告应力求条理清楚、文字简练、结论明确、书写整洁。其中通过总结经验和教训，是把直接的感性认识提高到理性思维的必要步骤，也是科学实验中不可缺少的一个环节。

第2章 精细合成综合性实验技术

2.1 玻璃仪器的清洗和干燥

进行精细合成实验,为了避免反应物中引入杂质,必须使用清洁的玻璃仪器。简单而常用的洗涤方法是用试管刷,并借助于各种洗涤粉和除垢剂。虽然去污粉中细的研磨料微小粒子对洗涤过程有帮助,但有时这种微小粒子会黏附在玻璃器皿上,不易被水冲走,此时可用2%的盐酸洗涤一次.再用自来水清洗。有时器皿壁上的杂物需用有机溶剂洗涤,因为残渣很可能溶于某种有机溶剂。用溶剂洗后的玻璃仪器有时需用洗涤剂溶液和水洗涤以除去残留的溶剂;尤其是用过诸如四氯化碳或氯仿之类的含氯有机溶剂后,特别需要再用水冲洗玻璃仪器。当用有机溶剂洗涤时要尽量用少量溶剂,丙酮是洗涤玻璃仪器时常用的溶剂,但价格较贵。有时可用废的有机溶剂如废丙酮(可循环使用)或含水丙酮。切勿以试剂级丙酮作清洗之用。

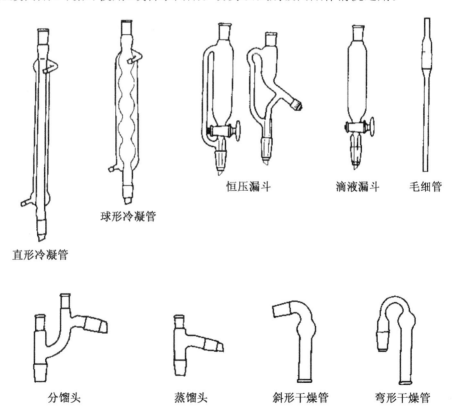

恒压漏斗　　　　滴液漏斗　　毛细管

球形冷凝管

直形冷凝管

分馏头　　　　　蒸馏头　　　　斜形干燥管　　弯形干燥管

图 2-1　常用玻璃仪器

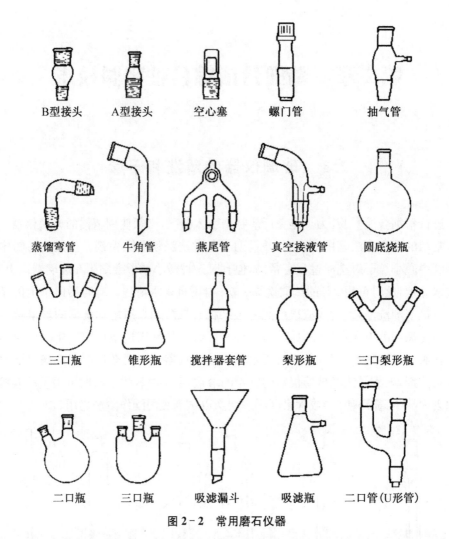

B型接头　A型接头　空心塞　螺门管　抽气管

蒸馏弯管　牛角管　燕尾管　真空接液管　圆底烧瓶

三口瓶　锥形瓶　搅拌器套管　梨形瓶　三口梨形瓶

二口瓶　三口瓶　吸滤漏斗　吸滤瓶　二口管(U形管)

图 2-2　常用磨石仪器

有时即使尽了最大努力仍然不能把顽固的、黏附在玻璃器皿上的残渣或斑迹洗净,这时需要使用洗液。最常用的洗液是由 35 mL 重铬酸钾(钠)的饱和水溶液溶于 1 L 浓硫酸制备。配制时应把浓硫酸加到重铬酸盐溶液中。当使用洗液时,只能将少量洗液在玻璃仪器中旋摇几分钟,然后将残余洗液倒入废液瓶中。要保证用大量水冲洗仪器。经这样处理的玻璃仪器,对于通常的精细合成反应来说,残留的任何斑迹就不至于给随后的实验带来不良影响。

必须反对盲目使用各种化学试剂和有机溶剂来清洗仪器。这样不但造成浪费,而且有时还可能带来危险。

干燥玻璃仪器最简便的方法是使其放置过夜:一般洗净的仪器倒置一段时间后,若没有水迹,即可使用;若需严格无水,可将所使用的仪器放在烘箱中烘干。若需快速干燥,可用乙醇或丙酮淋洗玻璃仪器,最后可用少量乙醚洗,然后用电吹风吹干,吹干后用冷风使仪器逐渐冷却。

2.2　常用仪器设备

精细合成综合性实验常用主要仪器设备如下：

（1）烘箱　实验室一般使用恒温鼓风干燥箱；主要用来干燥玻璃仪器或烘干无腐蚀性、热稳定性比较好的药品。使用时应注意温度的调节与控制。干燥玻璃仪器应先沥干再放入烘箱，温度一般控制在 100～110 ℃。而且干湿仪器要分开放置。

（2）电吹风　实验室中使用的电吹风可吹冷风和热风，供干燥玻璃仪器之用。

（3）红外灯　红外灯用于低沸点、易燃液体的加热。使用红外灯加热，既安全又无水浴加热时水气可能进入反应体系之患，加热温度易于调节，升温或降温速度快。使用时受热容器应正对灯面，中间留有空隙。红外灯也可用于固体样品的干燥。

（4）电加热套　它是由玻璃纤维包裹着电热丝织成帽状的加热器，由于它不是明火，因此加热和蒸馏易燃有机物时，具有不易着火的优点，热效率也高。电加热套相当于一个均匀加热的空气浴。加热温度通过调变压器控制；最高加热温度可达400 ℃，是有机合成实验中一种简便、安全的加热装置。电热套的容积一般与烧瓶的容积相匹配。电热套主要用作回流加热的热源（图 2-3）。

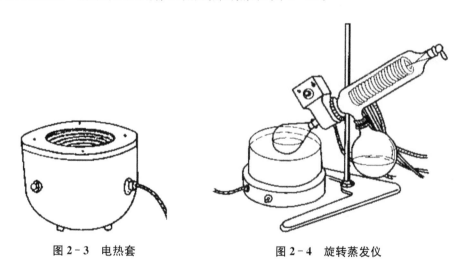

图 2-3　电热套　　　　　　　　　图 2-4　旋转蒸发仪

（5）旋转蒸发仪　蒸发仪由电机带动可旋转的蒸发器（圆底烧瓶）、冷凝器和接收器组成（见图 2-4）。可以在常压或减压下操作，可一次性进料，也可分批吸入蒸发料液。由于蒸发器的不断旋转，可避免加沸石而不会暴沸。蒸发器旋转时，会使料液附于瓶壁形成薄膜，蒸发面大大增加，加快蒸发速率。因此，旋转蒸发器是浓缩溶液、回收溶液的理想装置。

（6）电动搅拌器是化学实验室常用的机械搅拌装置，通过变速器或外接调压变压器可任意调节搅拌速度。使用时需注意：

① 开启时应逐渐升速,搅拌速度不能太快,以免液体溅出。关闭时应逐渐减速直至停止。

② 不能超负荷运转,也不能运转时无人照看。

③ 电动搅拌器长时间运转往往使电机发热,一般电机温度不能超过 50～60 ℃(有烫手的感觉)。

④ 平时应注意经常保持清洁干燥,防潮,防腐蚀。轴承应经常加油保持润滑。

(7) 磁力搅拌器 磁力搅拌器既能加热,又能调速搅拌,使用方便。旋转调速调节旋钮使电动机从慢到快带动磁铁,再带动玻璃容器中的搅拌磁子,达到搅拌的目的。它利用磁场盘下面的电阻丝或磁盘上带有不锈钢套内的电阻圈加热溶液。使用时注意:

① 搅拌磁子必须冲洗干净,放置和取出搅拌磁子时应停止搅拌,动作要小心,以免打破玻璃仪器;

② 搅拌开始时慢慢旋转调速调节旋钮。

2.3 仪器的装配与操作

一、仪器的装配

仪器装配的正确与否,与实验的成败有很大关系。

首先,在装配一套仪器装置时,所选用的仪器和配件应当是干净的。仪器中存有水滴和杂质,往往会严重影响产品的产率和质量。

需加热的实验,应当选用坚固的圆底烧瓶作反应器,因它能耐温度的变化和反应物沸腾时对器壁的冲击。烧瓶的大小,应该使所盛的反应物占烧瓶容积的 1/2 左右,最多不超过 2/3。

装配仪器时,应首先选定主要仪器的位置,然后按照一定的顺序逐个地装配其他仪器。例如,在装配蒸馏装置和加热回流装置时,应首先固定好蒸馏烧瓶和圆底烧瓶的位置,在拆卸仪器时,要按与装配时方向相反的顺序,逐个拆除。

仪器装配得严密和正确,不但可以保证反应物质不受损失,实验顺利进行,而且可以避免因仪器装配不严密而使挥发性易燃液体的蒸气逸出仪器外所造成的着火或爆炸事故。

在装配常压下进行反应的仪器时,仪器装置必须与大气相通,绝不能密闭。否则加热后,产生的气体或有机物质的蒸气在仪器内膨胀,会使压力增大,易引起爆炸。为了使反应物不受空气中湿气的作用,有时在仪器和大气相通处安装一个氯化钙干燥管。氯化钙干燥管会因用久而堵塞,所以使用前应进行检查。

仪器和配件常用软木塞(或用耐热橡皮塞)连接。有时也用短橡皮管连接。塞子和塞孔的大小必须合适。用短橡皮管连接玻璃管时,要使两根玻璃管避免直接接触。

将玻璃管(或温度计)插入塞孔时,可先用水或甘油润湿玻璃管插入的一端,然后一手持塞子,一手捏着玻璃管,逐渐旋转插入。应当注意:插入或拔出玻璃管时,手指捏住玻璃管的位置与塞子的距离不可太远。应经常保持 2～3 cm,以防止玻璃管折断致使玻璃割伤手。插入或拔出弯形玻璃管时,手指不应捏在弯曲处。因为该处易折断,必要时要垫软布或抹布。

玻璃仪器应用铁夹牢固地夹住,不宜太松或太紧。铁夹绝不能与玻璃直接接触,而应套上橡皮管、粘上石棉垫或用棉绳包扎起来。需加热的仪器,应夹住仪器受热最小的位置。冷凝管则应夹住其中央部分。

注:在实验操作开始以前,应仔细检查仪器装配得是否严密,有无错误。

二、仪器的操作

把各种仪器及配件装配成某一装置时,需注意:

(1) 热源的选择　实验中用得最多的是水浴、油浴、电加热套、砂浴、空气浴。根据需要温度的高低和化合物的特性来决定。一般低于 80 ℃的用水浴,高于 80 ℃用油浴。如果化合物比较稳定,沸点较高,可以用电加热套加热。

(2) 熟悉装置的仪器和配件。

精细合成实验,是由若干组标准的实验装置来完成的下面介绍常用装置。

(1) 回流冷凝装置　很多合成反应需要在反应体系的溶剂或液体反应物的沸点附近进行,为了避免反应物或溶剂的蒸气逸出,需要使用回流装置,如图 2-5 所示。图 2-5(a)是可以隔绝潮气的回流装置;(b)是带有吸收反应中生成气体的回流装置;(c)为回流时,可以同时滴加液体的装置。在上述各类回流冷凝装置中,球形冷凝管夹套的冷却水自下而上流动。可根据烧瓶内液体的特性和沸点的高低选用水浴、油浴、石棉网直接加热等方式。在回流加热前,不要忘记在烧瓶内加入几粒沸石,以免暴沸。回流时一般应控制液体蒸气上升不超过 1～2 个冷凝球为宜。

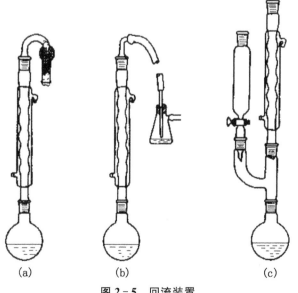

(a)　　　　　　(b)　　　　　　(c)

图 2-5　回流装置

（2）搅拌装置　当反应在均相液体中进行，一般不用搅拌。但是，有很多精细合成反应是在非均相溶液中进行，或反应物之一是逐渐滴加的，这种情况需要搅拌。通过搅拌，使反应物各部分迅速均匀地混合，受热均匀，增加反应物之间的接触机会，从而使反应顺利进行，达到缩短反应时间、提高产率的目的。常见的搅拌装置如图2-6所示。

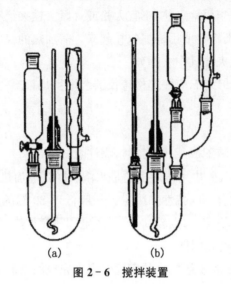

(a)　　　　　(b)

图2-6　搅拌装置

（3）蒸馏装置

① 普通蒸馏　分离两种以上沸点相差较大的液体和除去溶剂时，常采用蒸馏的方法来进行。蒸馏装置主要由汽化、冷凝和接收三大部分组成。主要仪器有蒸馏瓶、蒸馏头、温度计、直形冷凝管、接液管、接受瓶等。图2-7是最常用的蒸馏装置。(a)是一般

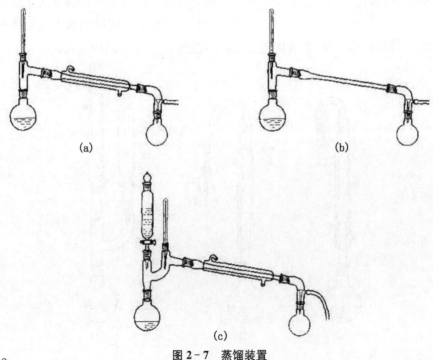

(a)　　　　　　　　　　(b)

(c)

图2-7　蒸馏装置

用来进行蒸馏的装置。(b)是用于蒸馏沸点在 140 ℃以上的液体。这时不能用水冷凝，应该使用空气冷凝管冷凝。(c)为蒸馏较大溶剂的装置。由于液体可自滴液漏斗中不断加入，既可调节滴入和蒸出的速度，又可避免使用较大的蒸馏瓶，使蒸馏连续进行。

② 减压蒸馏　当需要蒸馏一些在常压下未达到沸点，即已受热分解、氧化或聚合的液体时，需要使用减压蒸馏装置。图 2-8 是常用的减压蒸馏装置。整个装置由蒸馏、减压两部分组成。

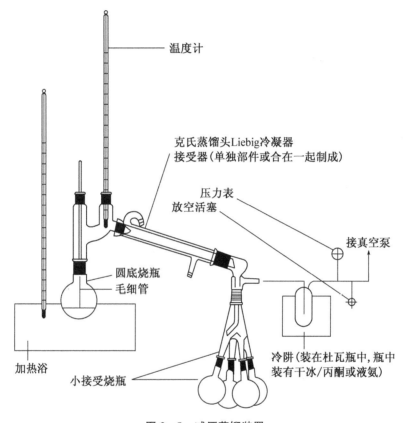

温度计

克氏蒸馏头 Liebig 冷凝器
接受器(单独部件或合在一起制成)

压力表
放空活塞

接真空泵

圆底烧瓶
毛细管

加热浴

小接受烧瓶

冷阱(装在杜瓦瓶中,瓶中装有干冰/丙酮或液氨)

图 2-8　减压蒸馏装置

减压蒸馏烧瓶又称为克氏蒸馏瓶。在磨口仪器中常用克氏蒸馏头配以圆底烧瓶代替。多股接液管与多个圆底或茄形烧瓶连接起来。转动多股接液管可使不同馏分进入指定的接收瓶。

③ 水蒸气蒸馏

图 2-9 是常用的水蒸气蒸馏装置。它由水蒸气发生器、蒸馏装置组成。水蒸气发生器与蒸馏装置中安装了一个分液漏斗或一个橡皮管、夹子的 T 形管。它们的作用是及时除去冷凝下来的水滴。应注意的是整个系统不能发生阻塞，还应尽量缩短水蒸气发生器与蒸馏装置之间的距离，以减少水蒸气的冷凝和降低它的温度。

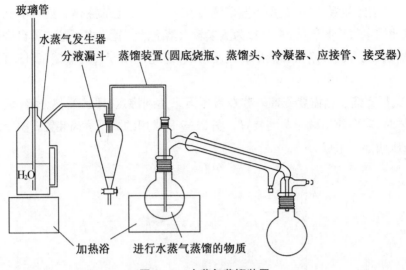

图 2-9　水蒸气蒸馏装置

（4）固体连续抽提装置　固体物质通常是用浸出法或采用脂肪提取器（索氏提取器）进行后处理。脂肪提取器装置如图 2-10 所示。它是利用溶剂回流和虹吸原理,使固体物质连续不断地为纯的溶剂所萃取,因而效率较一般溶剂浸出法高。

（5）柱色谱　柱色谱（柱上层析）通常在玻璃管中填充表面积很大,经过活化的多孔性或粉状固体吸附剂。常用的有吸附柱色谱和分配柱色谱两类。前者常用氧化铝和硅胶作固定相。在分配柱色谱中以硅胶、硅藻土和纤维素作为支持剂,以吸附较大量的液体作固定相,支持剂本身不起分离作用。图 2-11 是一种常用柱色谱装置。

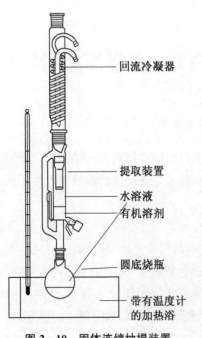

图 2-10　固体连续抽提装置

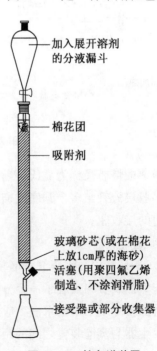

图 2-11　柱色谱装置

2.4 反应产物的分离和纯化方法

精细合成中常用的分离和纯化方法有蒸馏、分馏、结晶、升华和色谱法。这些方法均属于传质分离。根据体系特点和对产品的不同要求,可选用不同的分离纯化方法。

1. 蒸馏

蒸馏是提纯液体物质的重要方法。实验室中常用的蒸馏有四种方法:简单蒸馏、真空(减压)蒸馏、分馏和水蒸气蒸馏。在精细合成中,原料、溶剂中间体或初产物常由几种组分组成,即使买来的试剂,往往也需要蒸馏后才能使用。

蒸馏是利用混合物在同一温度和压强下,各组分具有不同的蒸气压(挥发度)的性质,达到分离纯化的目的,与其他分离纯化的方法相比,它具有许多优点,比如操作简便、处理量比较大、不会产生大量废弃物等。只有当要分离的混合物组分的沸点差不小于 30 ℃时,简单蒸馏才是可行的,在其他情况下,必须使用分馏柱进行蒸馏。这是一条经验法则。

在蒸馏时要避免热分解反应。在常压下,蒸馏的沸点范围一般为 50~120 ℃。当沸点为更高的温度时,要进行减压蒸馏(用水泵或油泵)。对不稳定的物质来说,可以在尽可能低的温度下,用旋转浓缩蒸发器进行蒸馏。

(1) 简单蒸馏 在常压下加热使液体沸腾,产生的蒸气在冷凝管里冷凝下来即为馏出物。蒸馏时必须保证液体在沸腾时能平稳和连续不断地产生蒸气泡,否则会产生液体"过热"现象。液体在过热温度时的蒸气压已远远超过它承受的外压和液柱静压之和,这时一旦有气泡产生,就开始猛烈增大,使大量液体从蒸馏瓶中冲出,造成不正常的沸腾-暴沸,使蒸馏失败,有时甚至发生危险。因此蒸馏时必须有良好的搅拌装置或在加热液体前加入助沸物以引入汽化中心。

(2) 真空蒸馏 也叫减压蒸馏。常压下蒸馏某些高沸点及低熔点有机物时,在达到沸点前,化合物常因受热而发生部分甚至全部分解,或者氧化、重排、聚合等副反应。这类物质必须在外压降低到使物质的沸点低于发生分解等副反应的温度条件下蒸馏,即真空蒸馏(减压蒸馏)。

真空蒸馏时液体的沸点与压强有关。利用水泵或油泵可以降低蒸馏液表面压强。由于水泵抽空能力低,一般只在真空度要求不高的情况下使用,如用于减压浓缩易挥发的溶剂,或用在油泵减压前,预先将低沸物除去。油泵的抽空能力很强。油泵结构比较精密,工作条件也较苛刻,如在减压蒸馏时蒸馏液中的低沸点物质进入真空泵油中,会使泵油的蒸气压增大,使真空油泵的抽空效率下降。若水蒸气凝结在泵油中,不但会降低真空油泵的真空度,而且能与泵油形成浓稠的乳油液,影响真空泵的正常运转。酸性蒸气会腐蚀真空油泵的金属构件,缩短其使用寿命。因此,在使用真空油泵前,必须先用水泵减压,尽量蒸除低沸物、水和其他有害物质,必须注意真空油泵前的保护体系是否还有效。对使用三相电的真空油泵,接线必须和其要求一致,否则会损坏真空油泵。

在减压蒸馏时应特别注意安全,在整个减压蒸馏系统中,切勿使用有裂缝的或薄厚不均匀的玻璃仪器,尤其不可用平底烧瓶(如三角瓶)。因为此种装置外面积承受一定外压,缺损的地方可能引起内向爆炸,冲入的空气会粉碎整个玻璃仪器,甚至引起人身伤害及其他事故。

(3)水蒸气蒸馏 将提纯物质与水的混合物中通入蒸汽,使有机化合物随水气一同挥发,从而达到分离纯化的目的。它主要用来从无机盐,尤其是从反应产物中有大量树脂状杂质的情况下分离出产物,或从产物中除去挥发性物质。效果较一般蒸馏或重结晶为好。

使用水蒸气蒸馏时,被提物质必须具备下列条件:不溶(或几乎不溶)于水;在沸腾条件下长时间与水共存而不发生化学变化;在 100 ℃ 左右时必须具有一定的蒸气压(一般不小于 1.33 kPa)。在 100 ℃ 左右蒸气压较低的化合物可利用过热蒸气来进行蒸馏。蒸馏一般应进行到馏出液不再含有油珠澄清时为止。

(4)分馏 应用分馏柱将几种沸点相近的混合物进行分馏的方法称为分馏,现在最精密的分馏装置已能将沸点相差以 1～2 ℃ 的混合物分开。利用蒸馏或分馏来分离混合物的原理是一样的,实际上分馏就是多次蒸馏。

在分馏过程中,有时可能得到与单纯化合物相似的混合物。它也有固定的沸点和固定的组成。其气相与液相的组成也完全相同,因此不能用分馏法进一步分馏,这种混合物称为共沸混合物(或恒沸混合物)。它的沸点称为共沸点,它高于或低于其中每一组分的沸点。共沸物虽不能用分馏来进行分离,但它不是化合物,它的组成和沸点要随压强而改变,用其他方法破坏共沸物组分后,再进行蒸馏可以得到纯粹的组分。要很好地进行分馏,必须注意:分馏一定要缓慢进行,要控制好恒定的蒸馏速度;要使相当量的液体自分馏柱流回烧瓶中,即要选择好合适的回流比;必须尽量减少分馏柱的热量散失和波动。

2. 结晶与重结晶

蒸馏、分馏是分离和纯化液体有机化合物的有效方法。纯化固体物质的最重要方法是重结晶。从有机反应中分离出来的固体有机物质往往是不纯的,常常夹杂一些副产物、未作用的原料及催化剂等。纯化这类物质的有效方法通常是用合适的溶剂进行结晶与重结晶;将粗品与适当的溶剂制成热的饱和溶液,趁热过滤除去不溶的组分之后,让其冷却,此时物质(通常是以纯净状态)重新结晶析出。

若析出的过程是有选择性和定向的,则析出的是被提纯物质的晶体,而不是所有固体的沉淀。过滤、洗涤、使晶体与母液分离。重结晶的操作要特别熟练和耐心,总是要经过多种溶剂的试验以后才能成功。

具体操作可按下面过程进行。

(1)在室温下让趁热过滤后的饱和溶液慢慢地冷却,必要时可放在冰箱中。

（2）在室温下，向饱和溶液中滴加第二种溶解度较低的溶剂，以降低溶解度，直到它触及的溶液有部分浑浊或沉淀生成，不久又溶解，注意不要分成两层。

（3）由于有机反应比较复杂，常常会产生分子量较大的有色杂质。固态物的粗品中若含有色杂质，在重结晶时，可在物质溶解之后，加入粉末状活性炭或骨炭进行脱色，也可加入滤纸浆、硅藻土等使溶液澄清。

应注意，制成饱和溶液时的温度，至少要比物质的熔点低 30 ℃，如果无视这一经验规定，物质仅以油状物的形式析出。油状物液体常是杂质的优良溶剂，即使它最后还能固化，也仍然会包含有杂质，应予以避免。在这种情况下，溶液应配得更稀，这样的溶液就必须冷到更低的温度才能形成过饱和溶液。产物因过饱和溶液而析出的温度越低，它成为晶体而非油状物的希望就越大。冷却也应很慢，有时可放在预先加热过的水浴中冷却。

结晶的速度往往很慢，冷溶液的结晶常需要数个小时才能完成，在某些情况下，数星期甚至数月之后还会有晶体继续析出，所以绝对不要过早地将母液废弃！

3. 升华

升华是纯化固体物质的又一手段。固体物质在其熔点以下受热，直接转化为蒸气，然后蒸气又直接冷凝为固体的过程称作升华。如果固体物质比所含杂质有更高的蒸气压，那么用升华来纯化是可能的。有时因杂质含量较多，固体加热后可能已熔化为液体，但只要其蒸气直接冷凝成固体，这种过程也通常称为升华。进行升华操作时，把物质在减压下加热（温度在熔点以下），使其汽化，接着气体在冷脂上冷凝成固体。也可在常压下进行升华操作，不过在常压下就具有适宜升华蒸气压的有机物质不多。常常需要减压增加固体升华的速度，这一方法与高沸点液体的减压蒸馏相仿。

升华所需的温度一般较蒸馏低，只有在熔点以下，具有相当高的蒸气压的固体物质，才可以用升华来提纯。用升华可除去小挥发杂质，或分离不同挥发度的固体混合物。升华常常可得到较高纯度的产物，但因操作时间长，损失也大。与结晶相比，升华法的最大优点在于不使用任何溶剂，不会因转移物料而引起损失，纯化后的产品也不会包含溶剂。但因固体物质的蒸气压一般都很小，能用升华法提纯的物质不多，所以升华法应用范围受到很大限制。

4. 色谱法

色谱法是分离、纯化和鉴定有机化合物的重要方法，具有极其广泛的用途。它具有高效、灵敏、准确、快速、设备简单、操作方便和用量小等优点。近年来，这一方法在化学、生物、医药及精细化学品的研究和生产中得到了广泛的应用。尤其是在精细合成中，它已成为分离、提纯的常用手段。

色谱法分为液相色谱法和气相色谱法，液相色谱法中又包含有薄层色谱、纸色谱、柱色谱和高效液相色谱。薄层色谱和柱色谱适合于固体物质和具有高的蒸气压的油状物的分离提纯。高效液相色谱是液相色谱的发展重点,已在各个领域中得到普遍的应用。例如在多肽、蛋白质、核酸等大分子的分离已成了生物学实验室中的常规工作。目前液相色谱在理论上和技术上都已成熟,但随着生化、药品、新材料等对分离提纯的要求不断提高,特殊功能相,高效分离柱及高灵敏、高选择的检测、分离提纯的方法仍在不断出现和发展。

液相色谱不适合于低沸点液体的分离。气相色谱适合于容易挥发物质的分离提纯。使用玻璃毛细管柱,也可以对分子量比较高的化合物进行气相色谱分离。气相色谱的发展是高效分离的突破口。在气相色谱中新型高选择性的耐高温固定相(如手性固定相和异构体选择性的固定相)仍在不断发展。

2.5 空气敏感的物质实验操作技术

在我们的实验研究工作中经常会遇到一些特殊的化合物,有许多是对空气敏感的物质,如怕空气中的水和氧;为了研究这类化合物的合成、分离、纯化和分析鉴定,必须使用特殊的仪器和无水无氧操作技术。否则即使合成路线和反应条件都是合适的,最终也得不到预期的产物。所以,无水无氧操作技术已在有机化学和无机化学中较广泛地运用。目前采用的无水无氧操作分三种:a. 高真空线操作(Vacuum-line);b. Schlenk 操作;c. 手套箱操作(Glove-box)。

由于 Schlenk 操作的特点是在惰性气体气氛下(将体系反复抽真空——充惰性气体),使用特殊的玻璃仪器进行操作;这一方法排除空气比手套箱好,对真空度要求不太高(由于反复抽真空——充惰性气体),更安全,更有效。其操作量从几克到几百克,一般的化学反应(回流、搅拌、滴加液体及固体投料等)和分离纯化(蒸馏、过滤、重结晶、升华、提取等)以及样品的储藏、转移都可用此操作,因此已被广泛运用。

由于无水无氧操作技术主要对象是对空气敏感的物质,操作技术是成败的关键。稍有疏忽,就会前功尽弃,因此对操作者要求特别严格。

1. 实验前必须进行全盘的周密计划。由于无氧操作比一般常规操作机动灵活性小,因此实验前对每一步实验的具体操作、所用的仪器、加料次序、后处理的方法等等都必须考虑好。所用的仪器事先必须洗净、烘干。所需的试剂、溶剂需先经无水无氧处理。

2. 在操作中必须严格认真、一丝不苟、动作迅速、操作正确。实验时要先动脑后动手。

3. 由于许多反应的中间体不稳定,也有不少化合物在溶液中比固态时更不稳定,因此无氧操作往往需要连续进行,直到拿到较稳定的产物或把不稳定的产物贮存好为止。操作时间较长,工作比较艰苦。操作者应该不怕苦、不怕累,操作者之间还应相互协作,互相支持,共同完成实验任务。

1. 无水无氧系统的搭建

双排管操作的实验原理：

双排管是进行无水无氧反应操作的一套非常有用的实验仪器，其工作原理是：两根分别具有 5~8 个支管口的平行玻璃管，通过控制它们连接处的双斜三通活塞，对体系进行抽真空和充惰性气体两种互不影响的实验操作，从而使体系得到我们实验所需要的无水无氧的环境要求。

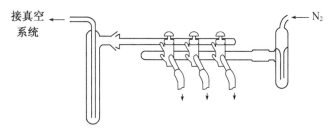

图 2-12　抽真空充惰性气体分配管

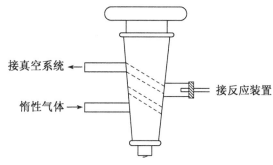

图 2-13　活塞示意图

2. 双排管实验操作步骤

（1）实验所需的仪器、药品、溶剂必须根据实验的要求事先进行无水无氧处理，具体操作参看《实验室化学品纯化手册》(Purification of Laboroatory Chemicals)。

（2）安装反应装置并与双排管连接好，然后加热至 80~100 ℃烘烤器壁抽真空——惰性气体置换（至少重复三次以上），把吸附在器壁上的微量水和氧移走（加热一般用电吹风来回烘烤器壁除去吸附的微量水分；惰性气体一般用氮气或氩气，由于氮气便宜，所以实验室常用高纯氮(99.99%)）。

（3）加料，如果是固体药品可以在抽真空前先加，也可以后加（但一定要在惰性气体保护下进行）；液体试剂可以用注射器加入，一般在抽真空后。

（4）反应过程中，注意观察记泡器保持双排管内始终要有一定的正压（但要注意起泡速度，避免惰性气体的浪费），直到反应得到稳定的化合物。

（5）实验完成后应及时关闭惰性气体钢瓶的阀门（先顺时针方向关闭总阀，指针归零；再逆时针方向松开减压阀，同样让指针归零，关闭节制阀）。最后，打扫卫生，清洗双排管，填写双排管的使用情况是否正常，维护好实验仪器。

3. 手套箱的使用

对于需要称量、研磨、转移、过滤等较复杂操作的体系,一般采用在一充满惰性气体的手套箱中操作。常用的手套箱是用有机玻璃板制作的,在其中放入干燥剂即可进行无水操作,通入惰性气体置换其中的空气后则可进行无氧操作。有机玻璃手套箱不耐压,不能通过抽气进行置换其中的空气,空气不易置换完全。使用手套箱也造成惰气的大量浪费。

图 2-14 手套箱

严格无水无氧操作的手套箱是用金属制成的。操作室带有惰气进出口、氯丁橡胶手套及密封很好的玻璃窗。通过反复三次抽真空和充惰性气体,可保证操作箱中的空气完全置换为惰性气体。

4. 空气敏感的物质实验操作所用仪器的处理

(1) 玻璃仪器的洗涤干燥

不论使用干燥箱技术、注射器针管技术,还是使用双排管技术来处理对空气敏感的化合物,仪器的洗涤和干燥都是十分重要的。大多数空气敏感化合物遇水和氧都会发生剧烈反应,甚至酿成爆炸、着火等事故。器壁上吸附的微量氧、水可能会导致实验失败。所以,仪器的洗涤非常重要;必要时用稀酸、稀碱洗涤,甚至用铬酸洗液浸泡,再用水和无离子水冲洗到仪器透亮、器壁上不挂水珠为止。新的仪器也要经过严格洗涤后才能使用。洗涤过的仪器放到空气中晾干,再放到干燥箱中烘烤;干燥箱的温度为 125 ℃时,需要干燥过夜;140 ℃时至少干燥 4 h,从干燥箱中取出的仪器在惰性气流下趁热组装,所有的接头要涂硅脂或碳氢润滑脂,在惰性气流下冷却待用。或把仪器从干燥箱中取出趁热放到干燥器中冷却存放,干燥器中充满惰性气体保护更好。像双排管这种有活塞的仪器,在洗涤前一定要用蘸有溶剂的棉花球将活塞内的润滑脂轻轻地擦洗干净,否则润滑脂很难用水洗掉。干燥时互相配合的磨口接头或活塞要互相脱离,分开放置,防止"粘结"到一起,干燥后放到一起保存。即使这样洗涤干燥过的仪器,在使用前仍需要加热抽空并用惰性气体置换,把吸附在器壁上的微量水和氧移走。一般干燥过的仪器,在加热抽真空时,在仪器壁上会出现一层"水雾",这足以说明加热抽空并用惰性气体置换这一步的必要性。

(2) 橡皮材质的处理

在处理空气敏感化合物的操作中,通常用橡皮管作为连接物,用橡皮塞、橡皮隔膜作为密封物。这些物品在使用前必须经过严格清洗和干燥,因为这类物质的表面很粗糙,吸附着大量氧和水等杂质,也容易粘上油污,使用前又不能用加热抽空等方法除去这些杂质,因此它们的洗涤、干燥和保存更显得重要。这些物品的用途不同,和溶剂、针头等接触的方式不同,可选用下面不同方法处理。用蘸有惰性溶剂的脱脂棉花球擦洗其表面,去掉表面的油污及机械杂质;用纯化过的溶剂冲洗管子的内壁。

5. 注射器针管技术

反应装置安装好后,用真空泵抽真空,同时以小火烘烤,去除仪器内的空气及表面吸附的水气,然后通惰气。如此反复三次。将反应物加入反应瓶或调换仪器需开启反应瓶时,都应在连续通惰气情况下进行。对空气敏感的固体试剂,在连续通惰气下与固体加料口对接,然后加入反应瓶中。对空气不敏感的固体试剂,如反应需先加的,可先放在反应瓶中,与体系一起抽真空——充惰气。如需在反应途中加的,可在连续通惰气下,直接从固体加料口加入。

（1）橡皮翻口塞

在实验室中,使用注射器针管计量和转移对空气敏感的液体化合物是方便的,这一技术获得了普遍的应用。利用针管技术处理空气敏感化合物需要的主要器械是有橡皮隔膜塞密封的玻璃仪器。注射针管、细金属管及双针头管。带有橡皮隔膜塞密封的玻璃器皿是在一些普通的玻璃器皿的接口插入橡皮隔膜塞(俗称橡皮翻口塞)。橡皮塞有一定的弹性,能和适当直径的接口管紧密配合,使器皿内物料与空气隔绝达到密封的目的。橡皮隔膜塞插入仪器如图接口管的顺序所示。如果接口外部有凸形边缘,隔膜塞上缘翻过来后能够和接口紧紧贴合,可以不用金属丝扎紧橡皮塞这一步。

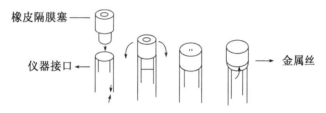

图 2－15　橡皮隔膜塞使用程序

橡皮隔膜塞经过几次针刺后,容易使外界空气渗透入仪器内部。用针刺隔膜塞时最好刺其边缘,因为边缘的橡皮厚实易密封。刺过几次的塞子要换掉,不宜继续使用。空气可通过橡皮隔膜塞的隔膜、针孔等扩散、渗透进入容器内,所以这种密封装置不宜较长时间地贮存空气敏感化合物。

（2）注射器及其使用

注射器是注射针管技术中关键的器械,能否合理使用它将决定操作水平。实验室使用的注射器有塑料的(一次性使用)和玻璃的两种,最常用的是医用玻璃的。小容量的玻璃注射器的套筒与内塞柱是互相研磨而成的,为了识别,每一对套筒与内塞柱上都有标记号码,同种规格的套筒和内塞柱不能互换使用,使用时要检查标记号码是否相同。大容量的同种规格注射器的外筒与内塞柱可以互换使用。注射器的密封是靠套筒内壁和内塞柱的光滑面紧密接触。要保护好接触面,不能有灰尘颗粒划坏磨面,注射器不要随意来回推拉,以免损坏磨面。烘烤注射器时,套筒和内塞柱要分开放置,干燥后把内塞柱插到套筒中存放。根据计量的液体多少合理选择注射器的容量。选择的容量太小,要多次累积计量,操作麻烦,给计量带来误差,也易使液体污染;选择的容量太大,操作也困难。必须合理选择才能保证计量误差小、操作也方便。

针头是由不锈钢管制成的,其长度和内径大小各异,根据用途进行选择针尖的形状也不相同。如图2-16,(a)为齐头针尖,多见于微量注射器,针尖不锋利,很难刺破橡皮隔膜塞,易堵塞针孔。(b)为斜面针尖,针尖锋利,较适用。(c)的针尖介于(a)与(b)之间,呈类似于"三角"的斜面,针尖锋利,容易将橡皮物切割下来,使塞子的针孔处再密封困难。

使用注射器时,容量大的注射器要用两只手操作,一手握筒的外部,一手握内塞柱的外端。使用容量小的注射器可用一只手操作,中指、无名指与大拇指捏住套筒,食指顶夹着内塞棒侧外端,靠食指与中指的分或合来拉出或推进内塞柱。不能用手直接接触内塞柱的磨面。使用过程中尽量减少内塞柱暴露在空气中的时间,以减少氧与水在其磨面上吸附的机会,以及磨面上微量的空气敏感化合物会与空气中氧、水反应生成固体物质附于磨面上,致使内塞柱推不进套筒中。用针头刺破橡皮隔膜塞时应使针尖的缺口面朝上(如图2-17),用向针管的推、压合力使针尖刺入橡皮膜内,不可垂直刺入橡皮膜,以防止针尖把橡皮膜切割下来堵塞针孔,且影响密封。

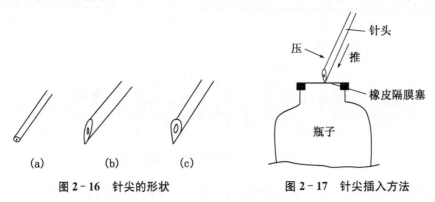

图2-16　针尖的形状　　　图2-17　针尖插入方法

在使用注射器前要检查针头与针管连接处是否漏气,其方法是用惰性气体充满针筒的量程,将针头拔出插入橡皮塞中,将筒内气体压缩至原来体积的一半,放开手

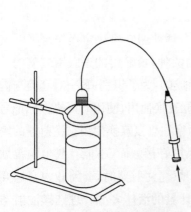

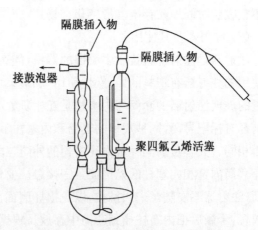

图2-18　将气泡与过量试剂压回　　图2-19　注射器内试剂转移入反应器中
　　　　密封可靠的瓶内

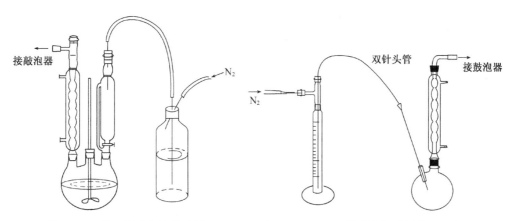

图 2 - 20　用双针头管转移试剂　　　　图 2 - 21　用双针头管将试剂转入反应器中

使内塞柱自动退回,如果内塞柱回到原处,表明不漏气。在转移计量液体时,当进入的液体稍多于需要的量时,将针头拔离液面排出筒内的气泡和多余的液体。要注意,针筒上容量刻度是按内塞柱推到顶头计量的。

2.6　常用有机试剂的纯化方法

1. 丙酮

沸点为 56.2 ℃,n_D^{20}1.359 1,d_4^{20}0.790 8。普通丙酮常含有少量的水及甲醇、乙醛等还原性杂质。其纯化方法如下:

(1) 于 250 mL 丙酮中加入 2.5 g 高锰酸钾回流,若高锰酸钾紫色很快消失,再加入少量高锰酸钾继续回流,至紫色不褪为止。然后将丙酮蒸出,用无水碳酸钾或无水硫酸钙干燥,过滤后蒸馏,收集 55~56.5 ℃的馏分。用此法纯化丙酮时,须注意丙酮中含还原性物质不能太多,否则会过多消耗高锰酸钾和丙酮,使处理时间增长。

(2) 将 100 mL 丙酮装入分液漏斗中,先加入 4 mL 10% 硝酸银溶液,再加入 3.6 mL 1 mol/L 氢氧化钠溶液,振摇 10 min,分出丙酮层,再加入无水硫酸钾或无水硫酸钙进行干燥。最后蒸馏收集 55~56.5 ℃馏分。此法比方法(1)要快,但硝酸银较贵,只宜做少量纯化用。

2. 四氢呋喃

沸点为 66 ℃,n_D^{20}1.407 0,d_4^{20}0.889 2。四氢呋喃与水能混溶,并常含有少量水分及过氧化物。如要制得无水四氢呋喃,可用氢化铝锂在隔绝潮气下回流(通常 1 000 mL 约需 2~4 g 氢化铝锂)除去其中的水和过氧化物,然后蒸馏,收集 66 ℃的馏分。蒸馏时不要蒸干,将剩余少量残液倒出。精制后的液体加入钠丝,并应在氮气氛围中保存。处理四氢呋喃时,应先用小量进行试验,在确定其中只有少量水和过氧化物,作用不致过于激烈时,方可进行纯化。四氢呋喃中的过氧化物可用酸化的碘化钾溶液来检验。如过氧化物较多,应另行处理为宜。

3. 二氧六环

沸点为 101.5 ℃,熔点为 12 ℃,n_D^{20}1.442 4,d_4^{20}1.033 6。二氧六环能与水任意混合,常含有少量二乙醇缩醛与水,久贮的二氧六环可能含有过氧化物(鉴定和除去参阅乙醚)。二氧六环的纯化方法,在 500 mL 二氧六环中加入 8 mL 浓盐酸和 50 mL 水的溶液,回流 6~10 h,在回流过程中,慢慢通入氮气以除去生成的乙醛。冷却后,加入固体氢氧化钾,直到不能再溶解为止,分去水层,再用固体氢氧化钾干燥 24 h。然后过滤,在金属钠存在下加热回流 8~12 h,最后在金属钠存在下蒸馏,压入钠丝密封保存。精制过的 1,4-二氧环己烷应当避免与空气接触。

4. 吡啶

沸点为 115.5 ℃,n_D^{20}1.510 1,d_4^{20}0.983 1。分析纯的吡啶含有少量水分,可供一般实验用。如要制得无水吡啶,可将吡啶与粒氢氧化钾(钠)一同回流,然后隔绝潮气蒸出备用。干燥的吡啶吸水性很强,保存时应将容器口用石蜡封好。

5. 石油醚

石油醚为轻质石油产品,是低相对分子质量烷烃类的混合物。其沸程为 30~150 ℃,收集的温度区间一般为 30 ℃左右。有 30~60 ℃,60~90 ℃,90~120 ℃等沸程规格的石油醚。其中含有少量不饱和烃,沸点与烷烃相近,用蒸馏法无法分离。石油醚的精制通常将石油醚用等体积的浓硫酸洗涤 2~3 次,再用 10%硫酸加入高锰酸钾配成的饱和溶液洗涤,直至水层中的紫色不再消失为止。然后再用水洗,经无水氯化钙干燥后蒸馏。若需绝对干燥的石油醚,可加入钠丝(与纯化无水乙醚相同)。

6. 甲醇

沸点为 64.96 ℃,n_D^{20}1.328 6,d_4^{20}0.797 0。普通未精制的甲醇含有 0.02%丙酮和 0.1%水。而工业甲醇中这些杂质的含量达 0.5%~1%。为了制得纯度达 99.9%以上的甲醇,可将甲醇用分馏柱分馏。收集 64 ℃的馏分,再用镁去水(与制备无水乙醇相同)。甲醇有毒,处理时应防止吸入其蒸气。

7. 乙酸乙酯

沸点为 77.1 ℃,n_{20}^D1.370 1,d_4^{20}0.901。乙酸乙酯一般含量为 95%~98%,含有少量水、乙醇和乙酸。可用下法纯化:于 1 000 mL 乙酸乙酯中加入 100 mL 乙酸酐,10 滴浓硫酸,加热回流 4 h,除去乙醇和水等杂质,然后进行蒸馏。馏液用 20~30 g 无水碳酸钾振荡,再蒸馏。产物沸点为 77 ℃,纯度可达 99%以上。

8. 乙醚

沸点为 34.51 ℃,n_D^{20}1.352 6,相对密度为 0.713 78。普通乙醚常含有 2%乙醇和 0.5%水。久藏的乙醚常含有少量过氧化物。

过氧化物的检验和除去：

在干净的试管中放入 2～3 滴浓硫酸，1 mL 2％碘化钾溶液（若碘化钾溶液已被空气氧化，可用稀亚硫酸钠溶液滴到黄色消失）和 1～2 滴淀粉溶液，混合均匀后加入乙醚，出现蓝色即表示有过氧化物存在。除去过氧化物可用新配制的硫酸亚铁稀溶液（配制方法是 $FeSO_4 \cdot H_2O$ 60 g，100 mL 水和 6 mL 浓硫酸）。将 100 mL 乙醚和 10 mL 新配制的硫酸亚铁溶液放在分液漏斗中洗涤数次，至无过氧化物为止。

醇和水的检验和除去：乙醚中放入少许高锰酸钾粉末和一粒氢氧化钠。放置后，氢氧化钠表面附有棕色树脂，即证明有醇存在。水的存在用无水硫酸铜检验。先用无水氯化钙除去大部分水，再经金属钠干燥。

其方法如下：将 100 mL 乙醚放在干燥锥形瓶中，加入 20～25 g 无水氯化钙，瓶口用软木塞塞紧，放置一天以上，并间断摇动，然后蒸馏，收集 33～37 ℃的馏分。用压钠机将 1 g 金属钠直接压成钠丝放于盛乙醚的瓶中，用带有氯化钙干燥管的软木塞塞住。或在木塞中插一末端拉成毛细管的玻璃管，这样，既可防止潮气浸入，又可使产生的气体逸出。放置至无气泡发生即可使用；放置后，若钠丝表面已变黄变粗时，须再蒸一次，然后再压入钠丝。

9. 乙醇

沸点为 78.5 ℃，n_D^{20}1.361 6，d_4^{20}0.789 3。制备无水乙醇的方法很多，根据对无水乙醇质量的要求不同而选择不同的方法。

若要求 98％～99％的乙醇，可采用下列方法：

(1) 利用苯、水和乙醇形成低共沸混合物的性质，将苯加入乙醇中，进行分馏，在 64.9 ℃时蒸出苯、水、乙醇的三元恒沸混合物，多余的苯在 68.3 ℃与乙醇形成二元恒沸混合物被蒸出，最后蒸出乙醇。工业多采用此法。

(2) 用生石灰脱水。于 100 mL 95％乙醇中加入新鲜的块状生石灰 20 g，回流 3～5 h，然后进行蒸馏。

若要 99％以上的乙醇，可采用下列方法：

(1) 在 100 mL 99％乙醇中，加入 7 g 金属钠，待反应完毕，再加入 27.5 g 邻苯二甲酸二乙酯或 25 g 草酸二乙酯，回流 2～3 h，然后进行蒸馏。金属钠虽能与乙醇中的水作用，产生氢气和氢氧化钠，但所生成的氢氧化钠又与乙醇发生平衡反应，因此单独使用金属钠不能完全除去乙醇中的水，须加入过量的高沸点酯，如邻苯二甲酸二乙酯与生成的氢氧化钠作用，抑制上述反应，从而达到进一步脱水的目的。

(2) 在 60 mL 99％乙醇中，加入 5 g 镁和 0.5 g 碘，待镁溶解生成醇镁后，再加入 900 mL 99％乙醇，回流 5 h 后，蒸馏，可得到 99.9％乙醇。由于乙醇具有非常强的吸湿性，所以在操作时，动作要迅速，尽量减少转移次数以防止空气中的水分进入，同时所用仪器必须事前干燥好。

10. DMSO(二甲基亚砜)

沸点为 189 ℃，熔点为 18.5 ℃，n_D^{20}1.478 3，d_4^{20}1.100。二甲基亚砜能与水混合，

可用分子筛长期放置加以干燥。然后减压蒸馏,收集 76 ℃/1 600 Pa(12 mmHg)馏分。蒸馏时,温度不可高于 90 ℃,否则会发生歧化反应生成二甲砜和二甲硫醚。也可用氧化钙、氢化钙、氧化钡或无水硫酸钡来干燥,然后减压蒸馏。也可用部分结晶的方法纯化。二甲基亚砜与某些物质混合时可能发生爆炸,例如氢化钠、高碘酸或高氯酸镁等,应予注意。

11. DMF(N,N-二甲基甲酰胺)

N,N-二甲基甲酰胺沸点为 153 ℃,n_D^{20} 1.426 9,d_4^{20} 0.944 5。无色液体,与多数有机溶剂和水可任意混合,对有机和无机化合物的溶解性能较好。N,N-二甲基甲酰胺含有少量水分。常压蒸馏时有些分解,产生二甲胺和一氧化碳。在有酸或碱存在时,分解加快。所以加入固体氢氧化钾(钠)在室温放置数小时后,即有部分分解。因此,最常用硫酸钙、硫酸镁、氧化钡、硅胶或分子筛干燥,然后减压蒸馏,收集 76 ℃/4 800 Pa(36 mmHg)的馏分。其中如含水较多时,可加入其 1/10 体积的苯,在常压及 80 ℃以下蒸去水和苯,然后再用无水硫酸镁或氧化钡干燥,最后进行减压蒸馏。纯化后的 N,N-二甲基甲酰胺要避光贮存。N,N-二甲基甲酰胺中如有游离胺存在,可用 2,4-二硝基氟苯产生颜色来检查。

12. 二氯甲烷

沸点为 40 ℃,n_D^{20} 1.424 2,d_4^{20} 1.326 6。使用二氯甲烷比氯仿安全,因此常常用它来代替氯仿作为比水重的萃取剂。普通的二氯甲烷一般都能直接作萃取剂用。如需纯化,可用 5%碳酸钠溶液洗涤,再用水洗涤,然后用无水氯化钙干燥,蒸馏收集 40~41 ℃的馏分,保存在棕色瓶中。

13. 二硫化碳

沸点为 46.25 ℃,n_D^{20} 1.631 9,d_4^{20} 1.263 2。二硫化碳为有毒化合物,能使血液神经组织中毒。具有高度的挥发性和易燃性,因此,使用时应避免与其蒸气接触。对二硫化碳纯度要求不高的实验,在二硫化碳中加入少量无水氯化钙干燥几小时,在水浴 55~65 ℃下加热蒸馏、收集。如需要制备较纯的二硫化碳,在试剂级的二硫化碳中加入 0.5%高锰酸钾水溶液洗涤三次。除去硫化氢再用汞不断振荡以除去硫。最后用 2.5%硫酸汞溶液洗涤,除去所有的硫化氢(洗至没有恶臭为止),再经氯化钙干燥,蒸馏收集。

14. 氯仿

沸点为 61.7 ℃,n_D^{20} 1.445 5,d_4^{20} 1.483 2。氯仿在日光下易氧化成氯气、氯化氢和光气(剧毒),故氯仿应贮于棕色瓶中。市场上供应的氯仿多用 1%酒精作稳定剂,以消除产生的光气。氯仿中乙醇的检验可用碘仿反应;游离氯化氢的检验可用硝酸银的醇溶液。除去乙醇可将氯仿用其 1/2 体积的水振摇数次分离下层的氯仿,用无水氯化钙干燥 24 h,然后蒸馏。另一种纯化方法:将氯仿与少量浓硫酸一起振荡两三次。每 100 mL 氯仿用 50 mL 浓硫酸,分去酸层以后的氯仿用水洗涤、干燥,然后蒸馏。除去乙醇的无水氯仿应保存在棕色瓶中并避光存放,以免光化作用产生光气。

15. 苯

沸点为 80.1 ℃,熔点为 5.5 ℃,n_D^{20} 1.501 1,d_4^{20} 0.873 7。普通苯常含有少量水和噻吩,噻吩沸点 84 ℃,与苯的沸点接近,不能用蒸馏的方法除去。

噻吩的检验:取 1 mL 苯加入 2 mL 溶有 2 mg 吲哚醌的浓硫酸,振荡片刻,若酸层显蓝绿色,即表示有噻吩存在。

噻吩和水的除去:将苯装入分液漏斗中,加入相当于苯体积七分之一的浓硫酸,振摇使噻吩磺化,弃去酸液,再加入新的浓硫酸,重复操作几次,直到酸层呈现无色或淡黄色并检验无噻吩为止。将上述无噻吩的苯依次用 10% 碳酸钠溶液和水洗至中性,再用氯化钙干燥,进行蒸馏,收集 80 ℃ 的馏分,最后用金属钠脱去微量的水得无水苯。

第3章 综合性实验

实验1 2,6-二氯-4-硝基苯胺的制备

一、实验目的

1. 掌握 2,6-二氯-4-硝基苯胺的合成方法;
2. 掌握氯化反应的机理和氯化条件的选择;
3. 了解 2,6-二氯-4-硝基苯胺性质的性质和用途。

二、实验原理

1. 性质

黄色针状晶体。熔点 192~194 ℃。难溶于水,微溶于乙醇,溶于热的乙醇和乙醚。本品有毒。

2. 用途

本品主要用于生产分散黄棕 3GL、分散黄棕 2RFL、分散棕 3R、分散棕 5R、分散橙 GR、分散大红 3GFL、分散红玉 2GFL 等。还可作为农用杀菌剂使用。可防治甘薯、黄瓜、棉花、马铃薯等的灰霉僵腐病;油菜、葱大豆、西红柿等的菌核病;棉花、甘薯、桃子的软腐病等等。

3. 原理

卤化反应有三种类型:取代、加成、置换卤化。

由对硝基苯胺制备 2,6-二氯-4-硝基苯胺的合成方法有很多,包括直接氯气法、氯酸钠氯化法、硫酰二氯法、次氯酸法、过氧化氢法。工业生产一般采用直接氯气法,其优点是原材料消耗低、氯吸收率高、产品收率高、盐酸可回收循环使用。

氯酸钠氯化法是由对硝基苯胺氯化、中和得到的,反应方程式如下:

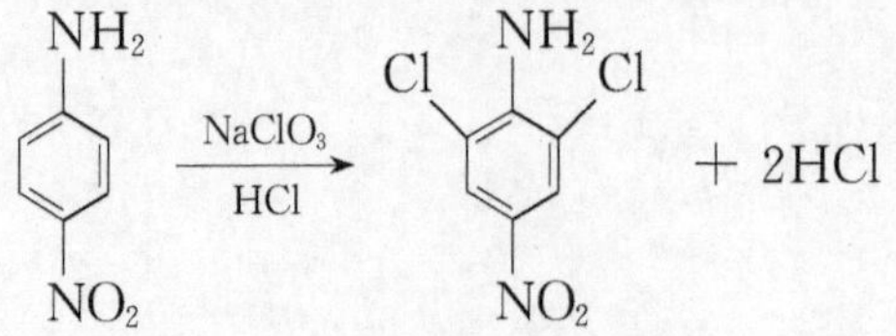

$$\underset{NO_2}{\overset{NH_2}{\bigcirc}} \xrightarrow[\text{HCl}]{\text{NaClO}_3} \underset{NO_2}{\overset{NH_2}{\underset{Cl}{\bigcirc}}Cl} + 2HCl$$

过氧化氢法是由对硝基苯胺在浓盐酸中与过氧化氢反应制得,反应方程式如下:

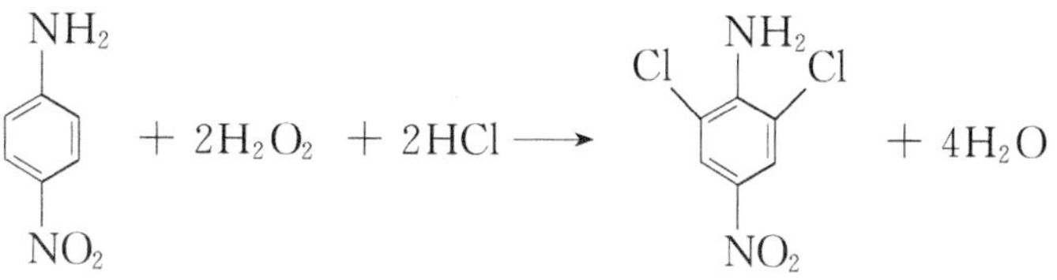

三、实验内容

方法一：氯酸钠氯化法

在装有电动搅拌器、温度计、滴液漏斗（预先检查滴液漏斗是否严密，不能泄漏）的 250 mL 四口烧瓶中，加入 5.5 g（质量分数 100%）对硝基苯胺，再加入质量分数 36% 的盐酸 100 mL，搅拌下升温至 50 ℃ 左右，使物料全部溶解。然后缓慢冷却至 20 ℃ 左右，滴加预先配好的氯酸钠溶液（3 g 氯酸钠溶于 20 mL 水中），约在 1~1.5 h 内加完。恒温在 30 ℃ 下反应 1 h。

用 50 mL 水稀释反应物，倒入 500 mL 烧杯中，并用少量水冲洗四口烧瓶，将物料全部转移到烧杯中，过滤。

滤液倒入废酸桶，滤饼用少量水在 250 mL 烧杯中打浆，并用水调整体积至 100 mL 左右，用质量分数 10% 的氢氧化钠中和至 pH＝7~8，再减压抽滤，滤饼经水洗、70 ℃ 干燥得产品，称重，计算收率。乙醇重结晶。最后测定其熔点。

方法二：过氧化氢法

在装有电动搅拌器、温度计、滴液漏斗（预先检查滴液漏斗是否严密，不能泄漏）的 250 mL 四口烧瓶中，加入 13.8 g 对硝基苯胺，再加入 50 mL 水，搅拌下缓慢加入质量分数 36% 的盐酸 45 mL，升温至 40 ℃ 左右，于搅拌下滴加质量分数 30% 过氧化氢 23 mL，滴加过程中温度控制在 35~55 ℃，在 1 h 内加完。加完后在 40~50 ℃ 下继续反应 1.5 h。随着反应的进行，逐渐产生黄色的沉淀。反应结束后，减压抽滤，滤饼经水洗、70 ℃ 干燥得产品，计算收率。最后测定其熔点。

四、注意事项

注意浓盐酸和过氧化氢取用时戴上防护眼镜和橡胶手套。

五、思考题

简述对硝基苯胺合成 2,6-二氯-4-硝基苯胺的合成方法。如何控制反应条件？

实验 2　2-甲基-2-己醇的制备

一、实验目的

1. 了解格氏试剂 Grignard 在有机合成中的应用及制备方法；
2. 掌握制备格氏试剂的基本操作；
3. 学习电动搅拌机的安装和使用方法；
4. 巩固回流、萃取、蒸馏等操作技能。

二、实验原理

卤代烷烃与金属镁在无水乙醚中反应生成烃基卤化镁 RMgX 称为 Grignard reagent，Grignard 试剂能与羰基化合物等发生亲核加成反应，其加成产物经水解，可得到醇类化合物。本实验的反应式为：

$$n\text{-}C_4H_9Br + Mg \xrightarrow{\text{无水乙醚}} n\text{-}C_4H_9MgBr$$

$$n\text{-}C_4H_9MgBr + CH_3COCH_3 \xrightarrow{\text{无水乙醚}} n\text{-}C_4H_9\underset{\underset{OMgBr}{|}}{C}(CH_3)_2$$

$$n\text{-}C_4H_9\underset{\underset{OMgBr}{|}}{C}(CH_3)_2 + H_2O \xrightarrow{H^+} n\text{-}C_4H_9\underset{\underset{OH}{|}}{C}(CH_3)_2$$

三、实验内容

1. 在干燥的 50 mL 三口烧瓶上，安装上回流冷凝管和滴液漏斗，回流冷凝管和滴液漏斗的口上装有氯化钙的干燥管。

2. 将 0.75 g(0.06 mol)洁净的镁条和 10 mL 干燥的无水乙醚，加到三口烧瓶中，在滴液漏斗中加入 5 mL 干燥的无水乙醚和 3.2 mL(0.03 mol)干燥的正溴丁烷。先从滴液漏斗中放出 1~2 mL 混合液至反应瓶中，加入一小粒碘引发反应，并摇动反应液，观察实验的现象，反应开始后，慢慢滴入其余的正溴丁烷溶液，滴加速度以保持反应液微微沸腾与回流为宜。混合物滴加完毕，用热水浴(禁止用明火)加热回流至镁屑全部作用完。

3. 将 2.25 mL 干燥的丙酮和 5 mL 无水乙醚

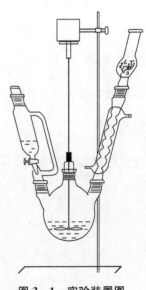

图 3-1　实验装置图

加到滴液漏斗中,反应在冰水浴冷却下滴加丙酮溶液,加入速度以保持反应液微沸,加完后移去冰水浴,在室温下放置 15 min。反应液应呈灰白色黏稠状。

4. 反应液在冰水浴冷却下,自滴液漏斗慢慢加入 1.35 mL 浓 H_2SO_4 和 17 mL 水的混合液(反应较剧烈,注意滴加速度),使反应物分解,反应液移入细口瓶保存。

5. 将反应液倒入分液漏斗,分出下面水层,醚层用 5 mL 10% 碳酸钠溶液洗涤,分出的碱层与第一次分出的水层合并后,用 10 mL 普通乙醚萃取两次。合并醚层,加入无水碳酸钾干燥。干燥后的乙醚溶液先用热水浴蒸出乙醚(回收),然后空气浴加热蒸馏(注意此时实验室里应无人蒸乙醚,并打开窗户 15 min 后,才能用明火),收集 137~141 ℃馏分。产品称重,测折射率。

产量约 1.5~2.0 g。纯 2-甲基-2-己醇为无色液体,沸点 141~142 ℃,折射率 1.417 0,相对密度 0.812。

四、注意事项

1. 严格按操作规程装配实验装置,电动搅拌棒必须垂直且转动顺畅。
2. Grignard 试剂的制备所需仪器必须干燥。
3. 镁屑应用新制的,以除去表面氧化膜。
4. 所用的丙酮应事先用无水碳酸钾干燥处理。正溴丁烷应用无水氯化钙干燥。
5. 反应的全过程应控制好滴加速度,使反应平稳进行。
6. 干燥剂用量合理,且将产物醚溶液干燥完全。
7. 2-甲基-2-己醇与水能形成共沸物(沸点 87.4 ℃,含水 27.5%),因此,蒸馏产品 2-甲基-2-己醇前必须很好地干燥,否则前馏分很多。

五、思考题

1. 在格氏试剂的合成和加成反应中,所有仪器和药品为什么必须干燥?
2. 如果反应不能立即开始,应采取什么措施?
3. 本实验可能有哪些副反应?应如何避免?
4. 在产品的馏分之前蒸出的前馏分可能是何物?

实验 3   邻氯苯磺酰氯的合成

一、实验目的

1. 掌握邻氯苯磺酰氯的合成方法；
2. 掌握重氮化、重氮盐置换的机理；
3. 了解邻氯苯磺酰氯的性质和用途。

二、实验原理

1. 性质

本品为棕红色油状物。沸点 144～146 ℃。用乙醚得结晶,其熔点 28.8 ℃。

2. 用途

本品主要用于农药绿黄隆的中间体。该除草剂在芽前或芽后以超乎异常的低用量就可以除去多种杂草。毒性低,在土壤中的半衰期通常不到两个月。对保护环境有利。

3. 原理

重氮化反应是为了制备重氮盐,而重氮盐具有很高的反应活性。可发生重氮基转化的反应,还可发生被其他取代基所置换的反应。

邻氯苯磺酰氯是以邻氯苯胺为原料,经重氮化反应,制得邻氯苯胺盐酸盐,再用亚硫酸氢钠和氯化铜将重氮盐置换为磺酰氯基。反应方程式如下:

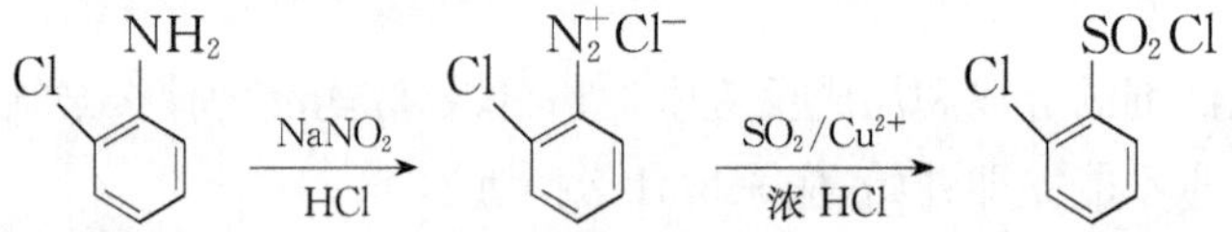

三、实验内容

1. 重氮化

在装有电动搅拌器、温度计、滴液漏斗的 250 mL 四口烧瓶中,加入 31.3 g 邻氯苯胺,在搅拌下加入质量分数 36% 的盐酸 90 mL,使物料全部溶解,反应温度维持在 5 ℃以下,滴加预先配好的亚硝酸钠溶液(19.3 g 亚硝酸钠溶于 50 mL 水中),控制滴加速度,使反应温度始终保持在 0～5 ℃之间。当亚硝酸钠水溶液滴加完毕,用淀粉-碘化钾试纸检测反应是否达到终点。继续在冰浴中搅拌 30 分钟,使反应完全。

2. 邻氯苯磺酰氯的合成

在装有电动搅拌器、温度计、滴液漏斗的 500 mL 四口烧瓶中,加入质量分数

36％的盐酸 150 mL,在搅拌下加入 10.2 g 氯化铜。待氯化铜全部溶解后。再加入 6.2 g 亚硫酸氢钠,待其全部溶解后,将其混合液冷却到 5 ℃以下。在搅拌下,慢慢加入邻氯苯胺重氮盐溶液,并维持反应温度在 5 ℃以下,待重氮盐溶液加完后,在 15～20 ℃下继续搅拌 1 h,邻氯苯磺酰氯以棕红色油状物析出,用分液漏斗将其与水分离,得到产品 40 g 左右,产率 75％。

四、注意事项

1. 若试纸不显色,需补充亚硝酸钠溶液。试纸显蓝色表明有过量的亚硝酸存在,反应为:$2HNO_2 + 2KI + 2HCl \longrightarrow I_2 + 2NO + 2H_2O + 2KCl$。析出的碘遇淀粉显蓝色。

2. 注意浓盐酸取用时戴上防护眼镜和橡胶手套。

五、思考题

1. 本实验中重氮盐的制备为什么要控制在 0～5 ℃中进行?
2. 说明不同碱性的芳伯胺的重氮化方法。

实验4 α-羟基苯乙酸的制备

一、实验目的

1. 掌握 α-羟基苯乙酸的合成方法；
2. 掌握加成、重排反应的机理；
3. 学习掌握重结晶的实验操作。

二、实验原理

1. 主要性质和用途

α-羟基苯乙酸又名 dl-扁桃酸，为白色结晶性粉末，易溶于乙醇、乙醚、水、异丙醇。其天然左旋体熔点为 130 ℃。而一般工业品的熔点为 115~118 ℃，含量大于 98%，是一种重要的医药中间体，用于合成环扁桃酯、乌洛托品等药物的中间体，同时临床上也可单独作为治疗尿路感染的药物。

2. 合成原理

在相转移催化剂三乙基苄基氯化铵（TEBA）和氢氧化钠作用下，氯仿生成二氯卡宾，二氯卡宾与苯甲醛的羰基加成，经重排、水解得到扁桃酸。反应方程式如下：

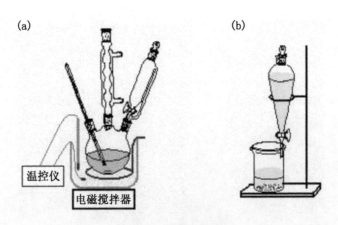

三、实验内容

图3-2 实验装置图

如图 3-2(a)所示，在装有电动搅拌器（也可用磁力搅拌器）、温度计、滴液漏斗的 250 mL 三口烧瓶中，加入 10.6 g 苯甲醛，1.1 g 三乙基苄基氯化铵，16 mL 氯仿，水浴加热。于搅拌下慢慢滴加质量分数 50％的氢氧化钠水溶液 25 mL(温度维持 56±2 ℃,需要 2 h,滴加速度 1～2 d/min),加完后,在此温度下反应 1 h。

反应液冷却后用 35 mL 水稀释,静置分层(图 3－2(b))。水溶液用 20 mL 乙醚 洗涤两次,分出的水层用质量分数 50％硫酸酸化至 pH 为 2～3 后,再用 45 mL 乙醚 分三次提取,合并提取液,分去水层,用无水硫酸钠干燥,蒸除乙醚,剩余油状物冷却 固化,用二氯乙烷或甲苯重结晶,得到产物。

四、注意事项

1. 缓慢滴加氢氧化钠,苯甲醛在强碱条件下易发生歧化反应,使产品收率降低。
2. 注意浓硫酸取用时戴上防护眼镜和橡胶手套。
3. 乙醚是易燃、低沸点溶剂,使用时务必注意周围应无火源。

五、思考题

本实验中为什么采用甲苯重结晶?

实验 5　咪唑的制备

一、实验目的

1. 掌握缩合环化反应的机理；
2. 学习掌握减压蒸馏的实验操作。

二、实验原理

1. 主要性质和用途

咪唑又称 1,3 -二氮唑,1,3 -二氮 - 2,4 -环戊二烯。无色菱形结晶。熔点为 90～91 ℃,沸点 257 ℃,闪点 145 ℃。相对密度 1.030 3。易溶于水、乙醇、乙醚、氯仿、吡啶,微溶于苯,不溶于石油醚。

用作抗真菌药物(克霉唑、半合成抗生素)中间体,也用于农药、有机合成中间体。环氧化树脂的固化剂,其用量为环氧树脂的 0.5％～10％。广泛用作水果的防腐剂。

2. 合成原理

乙二醛、甲醛和硫酸铵缩合环化得到咪唑硫酸盐,然后用石灰水中和得咪唑。反应方程式如下:

$$\begin{array}{c} CHO \\ | \\ CHO \end{array} \xrightarrow{HCHO,(NH_4)_2SO_4} \text{咪唑} \cdot 1/2H_2SO_4 \xrightarrow{Ca(OH)_2} \text{咪唑}$$

三、实验内容

在装有磁子、温度计、导气管的 250 mL 三口烧瓶中,加入 14 g 质量分数 40％乙二醛,8 g 质量分数 37％甲醛,12.5 g 硫酸铵,搅拌,升温至 85～88 ℃,反应 4 h。然后冷却至 50～60 ℃,用石灰水中和至 pH≥10,再升温至 85～90 ℃,排氨 1 h,稍冷后,立即减压过滤,滤饼用热水洗涤。将洗液和滤液合并,先减压蒸馏浓缩至无水蒸出,继续减压蒸馏除去低沸点物质,最后收集 105～106 ℃(10～20×133.3 Pa)馏分,即为咪唑。

四、注意事项

1. 注意乙二醛、甲醛的使用；
2. 注意排氨时通风要好。

五、思考题

本实验中低沸点物质是什么?

实验 6　表面活性剂综合实验

（一）十二烷基苯磺酸钠的合成

一、实验目的

掌握十二烷基苯磺酸钠的合成方法；

掌握磺化反应的机理；

了解烷基芳基磺酸盐类阴离子表面活性剂的性质和用途。

二、实验原理

1. 性质

白色浆状物或粉末。具有去污、润湿、发泡、乳化、分散等性能。生物降解度＞90％。在较宽的 pH 范围内比较稳定。其钠盐或铵盐呈中性，能溶于水，对水硬度不敏感，对酸、碱水解的稳定性好。它的钙盐或镁盐在水中的溶解度要低一些，但可溶于烃类溶剂中。

2. 用途

大量用作生产各种洗涤剂和乳化剂等的原料，可适量配用于香波、泡沫浴等化妆品中；纺织工业的清洗剂、染色剂；电镀工业的脱脂剂；造纸工业的脱墨剂。另外，由于直链烷基苯磺酸盐对氧化剂十分稳定，溶于水，可适用于目前国际上流行的加氧化漂白剂的洗衣粉配方。

3. 原理

它是由十二烷基苯与发烟硫酸或三氧化硫磺化，再用碱中和制得。用发烟硫酸磺化的缺点是反应结束后总有部分废酸存在于磺化物料中。中和后生成的硫酸钠带入产品中，影响了它的纯度。近年来，国外均采用气体三氧化二硫磺化的先进工艺。国内也逐步改用这一工艺。三氧化二硫可由 60％发烟硫酸蒸出，或采用就地发生三氧化二硫的工艺。后者从工艺上考虑更为合理。气体三氧化二硫用空气稀释到质量百分数为 3％～5％，通入装有烷基苯的磺化反应器中进行磺化。磺化物料进入中和系统用氢氧化钠溶液进行中和，最后进入喷雾干燥系统干燥，得到的产品为流动性很好的粉末。

在工业生产上，直链烷基苯磺酸盐也不是单一的产物，而是直链烷烃与苯在链中任意点上相连，其结果产生了不同仲烷比例的混合物。

在实验室中由于条件限制，可用硫酸进行磺化。

反应方程式如下：

$$C_{12}H_{25}\!-\!\!\!\bigotimes\!\!\!-\!SO_3H + NaOH \longrightarrow C_{12}H_{25}\!-\!\!\!\bigotimes\!\!\!-\!SO_3Na + H_2O$$

$$C_{12}H_{25}\!-\!\!\!\bigotimes + H_2SO_4(或 SO_3) \longrightarrow C_{12}H_{25}\!-\!\!\!\bigotimes\!\!\!-\!SO_3H + H_2O$$

三、实验内容

1. 磺化

在装有电动搅拌器、滴液漏斗、温度计和回流冷凝管的 250 mL 四口烧瓶中，加入十二烷基苯 17.3 g(约 17.5 mL)，搅拌下缓慢加入质量分数为 98％的硫酸 35 mL，温度不超过 40 ℃，加完后升温至 60～70 ℃，反应 2 h。

2. 分酸

将上述磺化混合液降温至 40～50 ℃，缓慢滴加适量水(约 7.5 mL)，倒入分液漏斗中，静止分层，放掉下层，保留上层(有机相)。

3. 中和

配置质量分数 10％氢氧化钠溶液 40 mL，将其加入 250 mL 四口烧瓶中 30～35 mL，搅拌下缓慢滴加上述有机相，控制温度为 40～50 ℃，用质量分数 10％氢氧化钠调节 pH＝7～8，并记录质量分数 10％氢氧化钠的总用量。

4. 盐析

于上述体系中，加入少量氯化钠，渗圈试验清晰后过滤，得到白色膏状产品。

四、注意事项

1. 磺化反应为剧烈放热反应，需严格控制加料速度及反应液温度。
2. 分酸温度不可过低，否则易使分液漏斗被无机盐堵塞，造成分酸困难。

五、思考题

1. 磺化反应的影响因素有哪些？
2. 试计算废酸量。
3. 烷基苯磺酸钠可用于哪些产品配方中？

附：洗衣粉中十二烷基苯磺酸钠含量的测定

用移液管吸取洗衣粉溶液 10 mL 于 100 mL 具塞量筒中，依次加入 30 mL 去离子水、25 mL 亚甲基蓝指示剂和 15 mL 三氯甲烷。盖上塞子，剧烈摇荡后，静置，观察溶液的分层和颜色(此时水相呈乳酸液)，然后用标准十二烷基二甲基苄基溴化铵溶液滴定。

在整个滴定过程中，应不时盖上塞子，剧烈摇荡量筒。当乳状液出现破乳现象时,表明滴定已接近终点。此后,滴定要更缓慢地一滴一滴加入,并不时摇荡量筒,对比两相颜色,直至水相与有机相的颜色几乎一致且静置 1 min 后仍不改变颜色时,即为滴定终点。

（二）十二烷基硫酸钠(SDS)的提纯

一、实验目的

1. 了解十二烷基硫酸钠提纯的意义;
2. 掌握制备满足表面化学实验研究用的十二烷基硫酸钠的提纯方法。

二、实验原理

十二烷基硫酸钠(sodium dodecyl sulfate，SDS)，分子式为 $C_{12}H_{25}SO_4Na$,别名为月桂酸硫酸钠。它是一种重要的阴离子表面活性剂,广泛应用于化工、纺织、印染、制药、造纸、化妆品和洗涤用品制造、石油以及金属加工等各种工业领域。十二烷基硫酸钠也是表面化学实验研究中经常使用的一种表面活性剂。

在表面化学实验研究中,对表面活性剂的纯度有较高的要求,表面活性剂中含有的少量杂质会给实验结果带来不小的偏差。即使是符合化学试剂等级的表面活性剂,也不一定能满足表面化学实验研究的要求,使用前往往需要先进行提纯和纯度测定。

十二烷基硫酸钠的生产是用椰子油还原醇(主要成分为十二醇)经浓硫酸处理后,再用氢氧化钠中和而制得。十二烷基硫酸钠的主要杂质是未反应完全的十二醇与中和时生成的硫酸钠等无机盐。作为化学试剂等级的十二烷基硫酸钠,虽经一定纯化处理,仍含有不可忽视的杂质。研究结果表明杂质不但直接影响体制的性质,而且促使十二烷基硫酸钠水解产生二级杂质。如 Cook 和 Talbot 认为,十二烷基硫酸钠水溶液之所以存在表面张力最低点,主要是由于十二烷基硫酸钠的水解,由此而产生的杂质又促使十二烷基硫酸钠的水解。而 Puyssen 报道了十二烷基硫酸钠中少量水的存在导致十二烷基硫酸钠的水解,从而使表面张力值出现最低点。这些都解释了十二烷基硫酸钠水溶液的表面张力最低点很难除掉的原因。为了防止水解产生二级杂质,他们建议十二烷基硫酸钠溶液一经配制立即测定其表面张力值。

现有的十二烷基硫酸钠的提纯方法可归纳为:重结晶、乙醚和石油醚等溶剂抽提、泡沫分离提纯以及吸附提纯等。如乙醚处理后水溶液重结晶方法,主要是利用十二烷基硫酸钠与杂质在溶剂中的溶解性能不同而进行分离提纯的。十二烷基硫酸钠不溶于乙醚,但溶于水;而其主要杂质十二醇溶于乙醚,而不溶于水。因此,先用乙醚充分溶解除去十二醇,但包藏在十二烷基硫酸钠颗粒内部的十二醇尚不能完全除去。经乙醚处理后的十二烷基硫酸钠在热水中溶解时释放出包藏在其内部的十二醇,后者不溶于水,从而可在热过滤时进一步除去。十二烷基硫酸钠的临界溶解温度为30～40 ℃,在这一温度以上其溶解度急剧变大,在室温时其溶解度较低,降温时易析出。而 Na_2SO_4 等无机盐杂质在室温条件下其溶解度仍然很大,故浓缩降温后,亦不至析出,抽滤时可随母液除去。所以,采用乙醚处理后水溶液重结晶的方法可以有效地除去十二醇及无机盐等杂质。此法简便易行,但水溶液重结晶后的母液中仍含有不少的十二烷基硫酸钠,故一次回收率不高。在大批量提纯中,可将母液循环用于再溶解乙醚处理后的样品,可有效提高总回收率。

三、实验内容

1. 将待提纯的十二烷基硫酸钠置于烧杯中,加入足量乙醚,搅拌使十二烷基硫酸钠充分分散。

2. 抽滤,同时用玻璃塞挤压晶体,尽量除去残留液后,用少量乙醚洗涤晶体三次。

3. 取出晶体置于烧杯中,在空气中放置数分钟,待乙醚挥发后,加入足量去离子水,加热并充分搅拌使十二烷基硫酸钠溶解,继续加热蒸发至泡沫消失,溶液略呈黏稠状为止。

4. 趁热用热漏斗保温过滤。

5. 滤液放置冷却至室温(20 ℃),有十二烷基硫酸钠晶体析出。

6. 抽滤,并用少量去离子水洗涤晶体 2～3 次,抽干后取出晶体。

7. 将晶体在 50～60 ℃下烘干,保存在密封干燥的棕色广口瓶中备用。

8. 所有十二烷基硫酸钠溶液均应在配置后立即测定溶液的表面张力。

9. 数据记录与处理

作表面张力与浓度的关系曲线;找出提纯前后溶液的临界胶束浓度(CMC)与最低点表面张力值。

四、思考题

1. 比较提纯前后十二烷基硫酸钠溶液的最低浓度点和最低点表面张力值。

2. 将纯化后的十二烷基硫酸钠的(CMC)值与文献值进行比较。

实验 7　表面活性剂溶液 *CMC* 值的测定

（一）阴离子表面活性剂 *CMC* 值的测定

一、实验目的

1. 掌握表面活性剂溶液表面张力的测定原理和方法；
2. 掌握由表面张力计算表面活性性剂 *CMC* 值原理和方法。

二、实验原理

表面张力及临界胶团浓度（简称 *CMC*）是表面活性剂溶液非常重要的性质。若使液体的表面扩大，需对体系做功，增加单位表面积时，对体系做的可逆功称为表面张力或表面自由能，它们的单位分别是 N·m^{-1} 和 J·m^{-2}。

表面活性剂在溶液中能够形成胶团时的最小浓度称临界胶团浓度，在形成胶团时，溶液的一系列性质都发生突变，原则上可以用任何一个突变的性质测定 *CMC* 值，但最常用的是表面张力-浓度对数图法。该法适合各种类型的表面活性剂，准确性好，不受无机盐的影响，只是当表面活性剂中混有高表面活性的极性有机物时，曲线中出现最低点。

表面张力的测定方法也有多种，较为常用的方法有滴体积（滴重）法和拉起液膜法（环法及吊片法）。

1. 滴体积（滴重）法

滴体积法的特点是简便而精确。若自一毛细管滴头滴下液体时，可以发现液滴的大小（用体积或质量表示）和液体表面张力有关：表面张力大，则液滴亦大。早在 1864 年，Tate 就提出了表示液滴质量（m）的简单公式：

$$m = 2\pi r\gamma \tag{1}$$

式中：r 为滴头的半径。此式表示支持液滴质量的力为沿滴头周边（垂直）的表面张力，但是此式实际是错误的，实测值比计算值低得多。对液滴形成的仔细观察揭示出其中的奥秘：图 3-1 是液滴形成过程的高速摄影的示意。由于液滴的细颈是不稳定的，故总是从此处断开，只有一部分液滴落下，甚至可有 40% 的部分仍然留在管端而未落下。此外，由于形成细颈，表面张力作用的方向与重力作用方向不一致，而成一定角度，这也使表面张力所能支持的液滴质量变小。因此，须对式（1）加以校正，即：

$$m = 2\pi r\gamma f \tag{2}$$

式中：f 为校正系数，$F = 2\pi f$ 为校正因子。一般在实验室中，自液滴体积求表面

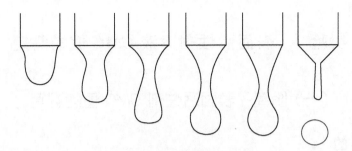

图 3 - 3　液滴的高速摄影(示意)

张力更为方便,此时(2)变为:

$$\gamma = \frac{V\rho g}{F} \tag{3}$$

式中:V 表示液滴体积;ρ 表示液体密度。实验证明,校正因子 F 是 V/r^3 的函数。因此,若测得液滴体积和毛细管半径即可从 $F - V/r^3$ 表中,查出相应的 F 值,从而可以计算出正确的表面张力值。

对于油,其密度与水差不多,故用式(3)计算表面张力时,可直接以水的密度代替,而无不可允许的误差。

滴体积法对界面张力的测定也比较适用。可将滴头插入油中(如油密度小于溶液时),让水溶液自管中滴下,按下式计算表面张力。

$$\gamma_{1,2} = \frac{V(\rho_2 - \rho_1)g}{F} \tag{4}$$

式中:$\gamma_{1,2}$ 为界面张力;$\rho_2 - \rho_1$ 为两种不相容液体的密度差。

滴体积(滴重)法对于一般液体或溶液的表(界)面张力测定都很适用,但此法非完全平衡方法,故对表面张力有很长的时间效应的体系,不太适用。

2. 环法

把一圆环平置于液面,测量将环拉离液面所需最大的力,由此可计算出液体的表面张力。假设当环被拉向上时,环就带起一些液体。当提起液体的质量与沿环液体交界处的表面张力相等时,液体质量最大。再提升则液环断开,环脱离液面。设环拉起的液体呈圆筒形,对环的附加拉力(即除去抵消环本身的重力部分)P 乘以校正因子 F 得实际表面张力值 γ(mN/m)。

环法中直接测量的量为拉力 P,各种测量仪器皆可应用,一般最常用的仪器为扭力丝天平。

环法不适用于阳离子表面活性剂表面张力的测量。

三、实验内容

取 1.44 g 十二烷基硫酸钠(SDS),用少量水溶解(要小心操作,尽量避免产生泡沫),然后在 50 mL 容量瓶中定容(浓度为 1.00×10^{-1} mol/L)。

从 1.00×10^{-1} mol/L 的十二烷基硫酸钠溶液中移取 5 mL,放入 50 mL 容量瓶中定容(浓度为 1.00×10^{-2} mol/L)。然后依次从上一浓度的溶液中移取 5 mL 稀释 10 倍,配制 $1.00 \times 10^{-5} \sim 1.00 \times 10^{-1}$ mol/L 五个浓度的溶液。

用环法首先测定二次蒸馏水的表面张力,对仪器进行校正。然后由稀到浓依次测定十二烷基硫酸钠溶液(测定温度高于 15 ℃),并计算表面张力,作出表面张力-浓度对数曲线,拐点处即为 CMC 值。如希望准确测定 CMC 值,在拐点处增加几个测定值即可实现。

四、注意事项

1. 配制表面活性剂溶液时,要在恒温条件下进行,温度变化应在 0.5 ℃之内。
2. 为减少误差,要在高于克拉夫特点的温度下进行测定。

五、思考题

1. 为什么表面活性剂表面张力-浓度对数曲线有时出现最低点?
2. 为什么环法不适用于阳离子表面活性剂表面张力的测量?

(二)电导法测表面活性剂的临界胶束浓度

一、实验目的

1. 了解表面活性剂的特性及胶数形成的原理;
2. 掌握电导法测定十二烷基硫酸钠的临界胶束浓度;
3. 掌握 DDS - 307 型电导率仪的使用方法。

二、实验原理

表面活性剂分子是由具有亲水性的极性基团和具有憎水性的非极性基团所组成的有机化合物。在低浓度时,表面活性剂以单体(分子或离子)分布于溶液的表面和内部。当达到一定浓度时,表面活性剂单体就会在溶液内部聚集起来,形成胶束。这是因为表面活性剂为了使自己成为溶液中的稳定分子,会采取以下两种途径:一是把亲水基留在水中,亲油基伸向油相或空气;二是让表面活性剂的亲油基团相互靠在一起,以减少亲油基与水的接触面积。前者就使表面活性剂分子吸附在界面上,其结果是降低界面张力,形成定向排列的单分子膜,后者就形成了胶束。由于胶束的亲水基方向朝外,与水分子相互吸引,使表面活性剂能稳定地溶于水。最初形成的胶团是球形的,随着表面活性剂浓度的增加,球形胶束还可能转变成棒形胶束,直至层状胶束,后者可用来制作液晶,它具有各向异性的性质。开始形成胶束的浓度称为该表面活性剂的临界胶束浓度(CMC)。

在 *CMC* 点上,由于溶液的结构改变导致其物理及化学性质(如表面张力、电导、渗透压、浊度和光学性质等)与浓度的关系曲线出现明显的转折。这个现象是测定 *CMC* 的实验依据,也是表面活性剂的一个重要特征。而只有溶液浓度稍高于 *CMC* 时,才能充分发挥表面活性剂的作用,所以 *CMC* 是表面活性剂的一种重要量度。

原则上,表面活性剂随浓度变化的物理、化学性质都可以用于测定 *CMC*,常用的方法有表面张力法、电导法和染料法等。本实验采用电导法测定表面活性剂的 *CMC* 值,用 DDS‐307 型电导率仪测定不同浓度的十二烷基硫酸钠水溶液的电导率(也可换算成摩尔电导率仪),并作电导率(摩尔电导率)与浓度的关系图,从图中的转折点即可求得临界胶束浓度。

三、实验内容

1. 用重蒸馏水准确配置 0.002 mol/L、0.004 mol/L、0.006 mol/L、0.007 mol/L、0.008 mol/L、0.009 mol/L、0.010 mol/L 的十二烷基硫酸钠溶液各 20 mL。

2. 在恒定温度下(25 ℃)用电导率仪按由低到高的浓度顺序测定样品的电导率。

3. 在测定每个样品之前电导电极必须清洗并擦干,以保证溶液浓度的准确。电极在使用过程中其极片必须完全浸在溶液中。

4. 数据记录及处理

在表中列出各溶液的浓度及其对应的电导率值;作电导率(摩尔电导率)对浓度的关系图,从图中的转折点处找出十二烷基硫酸钠的临界胶束浓度。

四、思考题

1. 将实验结果与文献值进行比较,并讨论造成实验结果误差的原因。

2. 测定溶液的 *CMC*,除电导法外还有哪些方法? 请论述它们的优缺点。

实验 8　十二烷基二甲基甜菜碱的合成

一、实验目的

1. 掌握甜菜碱型两性离子表面活性剂的合成原理及方法；
2. 了解甜菜碱型两性离子表面活性剂的性质和用途；
3. 学习熔点的测定方法。

二、实验原理

1. 性质

十二烷基二甲基甜菜碱又名 BS-12,本品为无色或浅黄色透明黏稠液体,本品在酸性及碱性条件下均具有优良的稳定性,配伍性良好。对皮肤刺激性低,生物降解性好,具有优良的去污杀菌、柔软性、抗静电性、耐硬水性和防锈性。能与各种类型染料、表面活性剂及化妆品原料配伍,对次氯酸钠稳定,不宜在 100 ℃ 以上长时间加热。

2. 用途

配制香波、泡沫浴、敏感皮肤制剂、儿童清洁剂等,也可用作纤维、织物柔软剂和抗静电剂、钙皂分散剂、杀菌消毒洗涤剂及橡胶工业的凝胶乳化剂、兔羊毛缩绒剂、灭火泡沫剂等,亦是农药草甘膦的增效剂。

3. 原理

两性离子表面活性剂是指同时携带正、负两种离子的表面活性剂,它的表面活性离子的亲水基既具有阴离子部分,又具有阳离子部分,是两者结合在一起的表面活性剂。

十二烷基二甲基甜菜碱是用 N,N-二甲基十二烷胺和氯乙酸钠反应合成的,反应方程式如下：

$$n\text{-}C_{12}H_{25}NH_2 + 2HCHO + 2HCOOH \longrightarrow n\text{-}C_{12}H_{25}N(CH_2)_2 + 2CO_2 + 2H_2O$$

$$n\text{-}C_{12}H_{25}N(CH_2)_2 + ClCH_2COONa \longrightarrow n\text{-}C_{12}H_{25}\overset{\displaystyle CH_3}{\underset{\displaystyle CH_3}{N^+}}\text{---}CH_2COO^- + NaCl$$

三、实验内容

在装有电动搅拌器、温度计和回流冷凝管的 250 mL 四口烧瓶中,加入 N,N-二甲基十二烷胺 10.7 g,再加入 5.8 g 氯乙酸钠,搅拌下加入质量分数为 50% 的乙醇溶液 30 mL,在水浴中加热至 60～80 ℃,并在此温度下回流至反应液变成透明为止。

冷却反应液,在搅拌下滴加浓盐酸,直至出现的乳状液不再消失为止,放置过夜。第二天,十二烷基二甲基甜菜碱盐酸盐结晶析出,过滤。每次用 10 mL 质量分数 50%乙醇溶液洗涤两次,粗产品用乙醚∶乙醇＝2∶1溶液重结晶,得精制的十二烷基二甲基甜菜碱。

用熔点仪测定其熔点。

四、注意事项

1. 玻璃仪器必须干燥;
2. 滴加浓盐酸至乳状液不再消失即可,不要太多;
3. 洗涤滤饼时,溶剂要按规定量加,不能太多。

五、思考题

1. 两性离子表面活性剂有哪几类? 它们在工业和日化方面有哪些用途?
2. 甜菜碱型与氨基型两性离子表面活性剂其性质的最大差别是什么?

实验 9　织物低甲醛耐久整理剂 2D 的合成

一、实验目的

1. 学习并掌握整理剂 2D 的制备原理及方法；
2. 学习耐久整理剂 2D 的用途。

二、实验原理

1. 主要性质和用途

整理剂 2D 树脂是指二羟甲基二羟基乙烯脲树脂。该树脂本品外观为淡黄色液体，密度为 1.2(20 ℃)，游离甲醛质量分数 1%，固形物质量分数 40%～50%，易溶于水，pH＝6～6.5。整理的织物手感丰富，富有弹性。本品用作织物耐久定型整理剂，在花色布、涤、棉混纺织物及丝、麻织物的整理方面应用很广，但不适于漂白耐氯织物的整理。

2. 合成原理

整理剂 2D 树脂的合成分环构化和羟甲基化两步。

环构化：

$$NH_2\overset{\overset{\displaystyle O}{\|}}{C}NH_2 + \begin{array}{c} CHO \\ | \\ CHO \end{array} \longrightarrow O=C\begin{array}{c} NH-CHOH \\ | \\ NH-CHOH \end{array}$$

羟甲基化：

$$O=C\begin{array}{c} NH-CHOH \\ | \\ NH-CHOH \end{array} + 2HCOH \longrightarrow O=C\begin{array}{c} CH_2OH \\ | \\ N-CHOH \\ | \\ N-CHOH \\ | \\ CH_2OH \end{array}$$

三、实验操作

1. 环构化反应

在装有电动搅拌器、滴液漏斗和温度计的 250 mL 三口烧瓶中，加入 37.5 mL 乙二醛，在搅拌下加入质量分数 20% 的碳酸钠水溶液，调节 pH＝5.0～5.5，用 pH 计检测。然后再加入 15 g 尿素。搅拌溶解 1 h，用水浴加热至 35 ℃ 左右，停止加热。由于是放热反应，体系会自动升温至 45 ℃ 左右。若再继续升温，则需要用冷水冷却，或用恒温水浴锅控温在(50±1)℃。恒温反应 2 h,然后再用冷水冷却至 40 ℃。

2. 羟甲基化反应

往滴液漏斗中分次加入 40.5 mL 甲醛,缓慢滴入环化反应液中,并不断用质量分数 20%的碳酸钠水溶液调节 pH=8.0~8.5。由于是放热反应,当反应混合物升温至(50±1)℃时,用恒温水浴锅控制,保温反应 2 h。反应过程 pH 会下降,要多次用碳酸钠溶液调节,维持 pH=8.0~8.5。等反应结束后,冷却至室温。用稀盐酸调节 pH=6.0~6.5;最后加水稀释调节,使固形物的质量分数为 40%~50%。

四、注意事项

上述两步反应都是放热反应,在反应开始一段时间内,要注意温度的控制。合成时,pH 值必须控制在规定范围内,要不断用 pH 计检测,并根据检测值进行调节。

五、思考题

1. 此合成实验共分几步进行? 各有何作用?
2. 羟甲基化反应为什么要将 pH 控制在 8.0~8.5 之间?

实验 10　二异丙基二硫代磷酸锌的合成

一、实验目的

1. 了解固相反应的特点；
2. 学习二异丙基二硫代磷酸锌的合成原理和方法；
3. 了解抗磨液压油添加剂的性能及应用。

二、实验原理

本品为有灰型抗磨液压油添加剂，兼有抗磨、极压、抗氧化和抗腐蚀等多种功效；能抑制发动机产生沉积物，而且能抑制磨耗和油的氧化；这种添加剂具有抑制发动机产生涂膜、油泥、环槽黏附物以及防止汽缸、环槽、凸轮和阀杆磨损的作用；能防止轴承腐蚀、油不溶物增加以及黏度过分增加；在 APISE/CC 分类的汽油发动机油和柴油发动机油中使用效果良好。

二异丙基二硫代磷酸锌的反应方程式如下：

$$
\begin{array}{c}
\text{CH}_3 \\
| \\
\text{CH--OH} \\
| \\
\text{CH}_3
\end{array}
+ \text{P}_2\text{S}_5 \longrightarrow
\begin{array}{c}
(\text{CH}_3)_2\text{CH} \\
\quad\quad\searrow \text{O}\quad\text{S} \\
\quad\quad\quad \text{P} \\
\quad\quad\nearrow \text{O}\quad\text{SH} \\
(\text{CH}_3)_2\text{CH}
\end{array}
\xrightarrow{\text{ZnP}}
\left[
\begin{array}{c}
(\text{CH}_3)_2\text{CH} \\
\quad\searrow \text{O}\quad\text{S} \\
\quad\quad \text{P} \\
\quad\nearrow \text{O}\quad\text{S} \\
(\text{CH}_3)_2\text{CH}
\end{array}
\right]_2 \text{Zn}
$$

三、实验内容

1. 五硫化二磷的合成

在表面皿中将 16 g 研细的硫黄粉和 6.2 g 干燥粉状红磷混合均匀，将其装入干燥的试管中，小心地在酒精灯上加热，使物料熔融，冷却得到五硫化二磷。保存在密闭容器中，放在暗处，以免分解。

2. 二异丙基二硫代磷酸锌的合成

在带有磨口的 250 mL 锥形瓶中加入 10 g 研细的五硫化二磷，加入 100 g 异丙醇，接上回流冷凝管并在水浴中搅拌加热，得到均匀溶液。混合物冷却到约 60 ℃，自液面下通入氮气，赶尽硫化氢。然后分批加入 4 g 纯氧化锌，在水浴上加热 10 min，用布氏漏斗趁热过滤。冷却滤液，析出晶体。减压抽滤，以少量异丙醇洗涤，用热的异丙醇重结晶，得到白色针装产品，熔点 145～147 ℃，产量约为 6 g，收率 54%。

四、注意事项

1. 红磷与硫黄反应温度不宜太高；
2. 在密闭暗处保存五硫化二磷；
3. 注意硫化氢气体有毒，请在通风橱中进行反应。

五、思考题

为什么要通氮气赶尽硫化氢气体？

实验 11 邻苯二甲酸二辛酯的合成

一、实验目的

1. 了解邻苯二甲酸二辛酯的主要性质和用途；
2. 掌握邻苯二甲酸二辛酯的合成原理和合成方法；
3. 巩固减压蒸馏技术。

二、实验原理

1. 主要性质和用途

邻苯二甲酸二辛酯(简称 DOP),无色透明油状液体,具有特殊的气味。熔点为 $-55\,℃$。微溶于甘油、乙二醇和一些胺类,溶于大多数有机溶剂和烃类。

邻苯二甲酸二辛酯是使用最广、产量最大的增塑剂,是邻苯二甲酸酯类增塑剂中最重要的品种,除了乙酸纤维素、聚乙酸乙烯外,与绝大多数合成树脂和橡胶有良好的相容性。DOP 作为一种主增塑剂,广泛应用于各种软质制品的加工,例如薄膜、薄板、人造革、电缆料和模塑品等。通用级 DOP,广泛用于塑料、橡胶、油漆及乳化剂等工业中。用其增塑的 PVC 可用于制造人造革、农用薄膜、包装材料、电缆等。电气级 DOP,除具有通用级 DOP 的全部性能外,还具有很好的电绝缘性能,主要用于生产电线和电缆;食品级 DOP,主要用于生产食品包装材料。邻苯二甲酸二辛酯无毒,可用于与食物接触的包装材料,但由于易被脂肪抽出,故不宜用于脂肪性食品的包装材料;医用级 DOP,主要用于生产医疗卫生制品,如一次性医疗器具及医用包装材料等。在多种合成橡胶中,DOP 也有良好的软化作用。另外,DOP 还用作缩合剂、减磨剂、有机溶剂、气相色谱固定液等。

2. 合成原理

由邻苯二甲酸酐和 2-乙基己醇在硫酸催化下减压酯化而成。

(1) 主反应

$$\text{邻苯二甲酸酐} + 2CH_3(CH_2)_3\overset{C_2H_5}{C}HCH_2OH \xrightarrow{H_2SO_4} \text{酯} + H_2O$$

(2) 副反应

$$ROH + H_2SO_4 \longrightarrow RHSO_4 + H_2O$$

$$RHSO_4 + ROH \longrightarrow R_2SO_4 + H_2O$$

$$2ROH \longrightarrow ROR + H_2O$$

此外还有微量的醛及不饱和化合物(烯)生成。醋化完全后的反应混合物用碳酸钠溶液中和。

三、实验内容

将 25 g 苯酐加入三口烧瓶中,再加入 50 g 2-乙基己醇和 0.2～0.3 mL 浓硫酸。加热至 150 ℃,减压酯化,系统需要维持在真空度为 9.332×10^5。酯化时间约 3 h。酯化时加入 0.1 g 活性炭。

反应后混合物粗酯倒入烧杯中用 70～80 ℃的 5‰碳酸钠中和至 pH＝7～8。再以 80～85 ℃ 50 mL 热水洗涤两次。分离后的粗酯在 130～140 ℃,系统压力为 79 Pa 左右进行脱醇,直到粗酯闪点达到 190 ℃以上为止。必要时可在脱醇时加一定量的活性炭。粗酯最后经压滤得产品。为了获得质量更佳的产品,可将脱醇后的粗酯进行蒸馏,再经过滤即可。

四、注意事项

1. 反应温度与 2-乙基己醇有关,反应物底沸腾,但温度不可过高,防止由醇脱水生成醚和烯等副反应发生;

2. 减压酯化有利于反应进行,可用加入水的共沸剂(如苯、甲苯、环己烯等),以降低反应的温度。

五、思考题

1. 采用哪些工艺措施可减少酯化反应的副反应和提高产品的纯度?
2. 为什么要将酯化反应中生成的水及时分出?

实验 12　活性染料的制备及染色应用

一、实验目的

1. 掌握活性染料的反应原理；
2. 了解活性染料的性质、用途和使用方法；
3. 掌握 X 型活性染料的合成方法。

二、实验原理

1. 主要性质和用途

活性艳红(reactive red)X - 3B 的结构式如下：

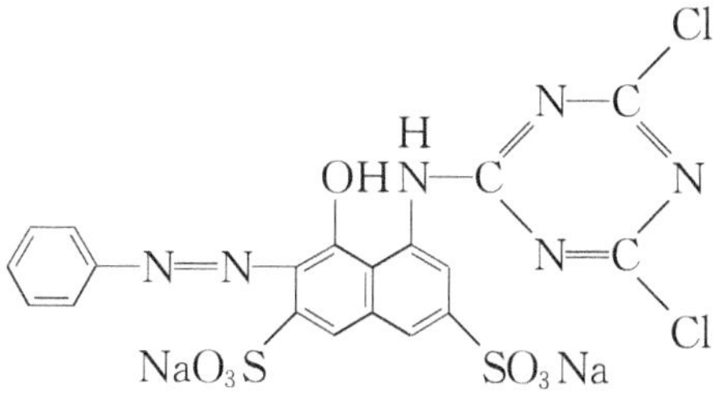

本品是枣红色粉末，溶于水呈蓝光红色，加入氢氧化钠溶液变为橙红色。在浓硫酸中为红色，稀释后无变化；在浓硝酸中为大红色，稀释后无变化。染料在 20 ℃时的溶解度为 80 g/L，50 ℃时的溶解度为 160 g/L。染色后的色光为蓝光红色，染浴中遇铁离子对色光无影响，遇铜离子色光稍暗。

本品可用于棉、麻、粘胶纤维及其他纺织品的染色，也可用于蚕丝、羊毛、锦纶的染色，还可用于丝绸印花，并可与直接、酸性染料同印。贮存稳定性差。

2. 合成原理

活性艳红 X - 3B 为二氯均三嗪(即 X 型)活性染料，活性基原料三聚氯氰中的三个氯原子的活泼性不同，可依次被各种亲核试剂取代。第一个氯原子最活泼，在 0~5 ℃便能反应；第二个氯原子可在 40~50 ℃反应；第三个氯原子则需 100~110 ℃才能进行反应。因此采用不同的条件，可使三个氯原子部分地或全部被氨基取代，生成一系列对称三氮苯衍生物。这是合成一氯及二氯三氮苯型活性染料化学反应的基础。

X 型活性染料其母体染料的合成方法按一般酸性染料的合成方法进行，活性基团的引进一般可先合成母体染料，然后和三聚氯氰缩合。若氨基萘酚磺酸作为耦合组分，为了避免发生别反应，一般先将氨基萘酚磺酸和三聚氯氰缩合，这样耦合反应可完全发生在羟基邻位。其反应方程式如下：

（1）缩合

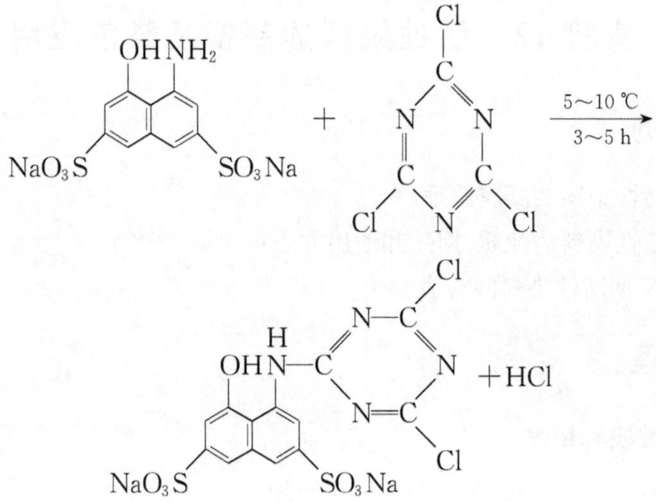

（2）重氮化

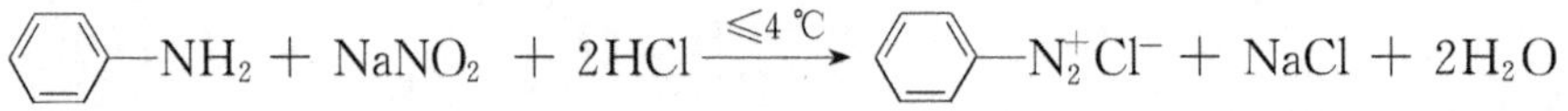

（3）耦合

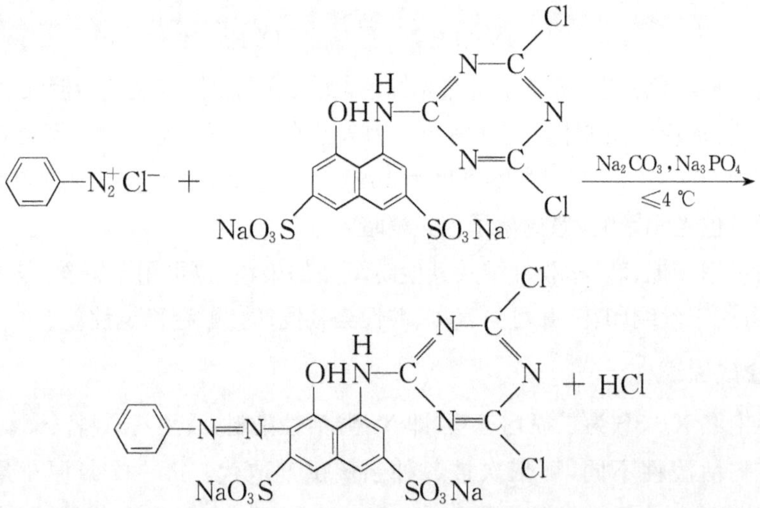

三、实验内容

1. 缩合

在装有电动搅拌器、滴液漏斗和温度计的 250 mL 三口烧瓶中加入 30 g 碎冰、25 mL 冰水和 5.6 g 三聚氯氰，在 0 ℃搅拌 20 min，然后在 1 h 内中加入 H 酸溶液（10.2 g H 酸、1.6 g 碳酸钠镕解在 68 mL 水中），加完后在 8～10 ℃搅拌 1 h，过滤，得黄棕色澄清缩合液。

2. 重氮化

在 250 mL 烧杯中加入 10 mL 水、36 g 碎冰、7.4 mL 30%盐酸、2.8 g 苯胺,不断搅拌,在 0~5 ℃时于 15 min 内加入 2.1 g 亚硝酸钠(配成 30%溶液),加完后在 0~5 ℃搅拌 10 min,得淡黄色澄清重氮液。

3. 耦合

在 1 000 mL 烧杯中加入上述缩合液和 20 g 碎冰,在 0 ℃时一次加入重氮液,再用 20%磷酸三钠溶液调节 pH 至 4.8~5.1。反应温度控制在 4~6 ℃,继续搅拌 1~1.5 h。加入 1.8 g 尿素,随即用 20%碳酸钠溶液调节 pH 至 6.8~7。加完后搅拌 2 h。此时溶液总体积约 310 mL,然后按体积的 25%加入食盐盐析,搅拌 1 h,过滤。滤饼中加入滤饼重量 2%的磷酸氢二钠和 1%的磷酸二氢钠,搅匀,过滤。在 40 ℃以下干燥,称量产品,计算产率。

注:反应完毕前,可用纸色谱法检验活性基是否与 H 酸缩合。展开剂:正丁醇:吡啶:水=5:3:5。

4. 染色方法

(1) 配方

棉织物:2 克;色度:2%;浴比:1:40。染料染色配比见表 3-1。

表 3-1　染料染色配比

药品	配比(以织物重量计)	用量/g
染料	2%	0.04
食盐	60 g/L	6
碳酸钠	15 g/L	1.5

(2) 棉织物处理

将 2 g 棉织物浸入 50 mL 浓度为 5 g/L 的净洗剂 LS 中,煮炼 10 min,去除水洗、备用。

(3) 染色配制

将 1 g 染料放入 100 mL 烧杯中,加入少量蒸馏水调成浆状,再加 50 mL 沸腾的蒸馏水,搅拌使之全部溶解(必要时可加热溶解),移入 100 mL 容量瓶中,烧杯用蒸馏水洗两次,洗液一并倒入容量瓶,冷至室温后用冷蒸馏水洗至刻度,得 1%染料溶液。

(4) 吸取 4 mL 1%染料溶液放入 1 000 mL 烧杯中,用蒸馏水洗至 100 mL,得 1%染浴。在吸色温度 20 ℃时将棉织物入浸,染色 15 min 内不时翻动,15 min 后将染样提出液面,加入 3 g 食盐,溶解后续染 15 min,用同样的方法,再加入 3 g 食盐,溶解后,再染 15 min。

将染样提出液面,加 1.5 g 碳酸钠,半小时内升温至固色温度 40 ℃续染半小时,每 5 min 翻动一次,染毕将染物取出,充分水洗。然后用 50 mL 5% 皂液煮沸 10~15 min,水洗,晾干(也可在 60~70 ℃下干燥)。

四、注意事项

1. 严格控制重氮化温度和耦合时的 pH。
2. 三聚氯氰遇空气中水分会逐渐水解并放出氯化氢,用后必须盖好瓶盖。
3. 重氮化温度应严格控制在 5 ℃以下。

五、思考题

1. 活性染料的结构特点是什么?
2. 活性染料主要有哪几种活性基团及相应型号?
3. 盐析后加入磷酸氢二钠和磷酸二氢钠的目的是什么?

实验 13　杂多酸催化合成香蕉油

一、实验目的

1. 掌握磷钨杂多酸的制备方法；
2. 掌握酯化反应的合成原理。

二、实验原理

酯化反应在精细化工生产中是一类十分重要的反应,工业上醇酸酯化反应多采用硫酸作催化剂。硫酸具有较高的催化活性,价格低廉,但存在如下缺点:第一,在酯化条件下,硫酸同时具有酯化、脱水和氧化作用,故反应体系中有醚、硫酸酯和不饱和化合物等副产物存在,给产品的精制和过量原料的回收带来困难;第二,严重腐蚀设备;第三,反应物后处理要经过中和、水洗以除去硫酸,不但工艺复杂,而且产物及溶剂有较多损失,排出的废酸又污染环境。鉴于硫酸法存在的上述缺点,近年来寻找替代硫酸的新催化剂的研究发展十分迅速。其中杂多酸的研究是热点之一。

杂多酸化合物是一类含氧桥的多核配合物,具有配合物和金属氧化物的特征,是一种多功能的催化剂。作为酯化反应的催化剂,必须要有足够强的酸性、较弱的氧化性。实验证明,磷钨杂多酸在有机溶剂中的酸性为 $-8.2 \leqslant H_o \leqslant -5.6$,而氧化性极弱,是一非常理想的酯化催化剂。钨和钼等元素在化学性质上的显著特点之一是在一定条件下易自聚或与其他元素聚合,形成多酸或多酸盐。由同种含氧酸根离子缩合形成的叫同多阴离子,其酸称为同多酸,由不同种含氧酸根离子缩形成的叫杂多阴离子,其酸称为杂多酸。1862 年,Berzerius J 合成了第一个杂多酸盐 12 -钼磷酸铵 $(NH_4)_3PMo_{12}O_{40} \cdot nH_2O$。1934 年英国化学家 Keggin J F 采用 X 射线粉末衍射方法,成功地测定了十二钨磷酸的分子结构,$[PW_{12}O_{40}]^{3-}$ 是一类具有 Keggin 结构的杂多化合物的典型代表物之一。到目前为止,已经发现近 70 种元素可以参与到多酸化合物组成中来。多酸在催化化学、药物化学、功能材料等诸多方面的应用研究都取得了突破性成果。我国已是国际上五个有多酸研究中心的国家(美国、中国、俄罗斯、法国和日本)之一。

钨、磷等元素的简单含氧化合物在溶液中经过酸化缩合便可生成十二钨磷酸阴离子:

$$12WO_4^{2-} + HPO_4^{2-} + 23H^+ \Leftrightarrow [PW_{12}O_{40}]^{3-} + 12H_2O$$

在反应过程中,H^+ 与 WO_4^{2-} 中的氧结合生成 H_2O,从而使得钨原子之间通过共享氧原子的配位形成多核簇状结构的杂多阴离子。该阴离子与抗衡阳离子 H^+ 结合,则得到 $H_3[PW_{12}O_{40}] \cdot xH_2O$。

乙酸异戊酯是香精、喷漆、清漆、氯丁橡胶等的溶剂,并用于纺织品的染色与加工,用途十分广泛。本实验首先合成磷钨杂多酸催化剂,然后考察其催化合成乙酸异戊酯的酯化反应,为乙酸异戊酯的合成提供了一种新途径。

乙酸异戊酯的合成反应:

$$CH_3COOH + (CH_3)_2CHCH_2CH_2OH \xrightarrow{H_3PW_{12}O_{40}} CH_3\overset{\overset{O}{\|}}{C}-OCH_2CH_2CH(CH_3)_2$$

三、实验内容

1. 磷钨杂多酸的制备方法一

称取 10 g $Na_2WO_4 \cdot 2H_2O$ 和 1.5 g $Na_2HPO_4 \cdot 12H_2O$,分别加入 40 mL 热水中,缓慢搅拌 30 min,自然冷却,然后加入 10 mL 相对密度为 1.19 的盐酸酸化 1 h。再加入 20 mL 乙醚,充分振荡,此时液体分为 3 层,下层为磷钨杂多酸化物,用分液漏斗分出下层,蒸去乙醚,再加入数滴双氧水,冷却,结晶,得白色磷钨杂多酸约 7.0 g。

2. 十二钨磷酸钠溶液的制备方法二

(1) 取 12.5 g 二水合钨酸钠和 2 g 磷酸氢二钠溶于 80 mL 热水中,溶液稍混浊。边加热边搅拌下,向溶液中以细流加入 12.5 mL 浓盐酸,溶液澄清,继续加热 0.5 min。若溶液呈蓝色,是由于钨(Ⅵ)被还原的结果,需向溶液中滴加 30% H_2O_2 或溴水至蓝色褪去,冷至室温。

(2) 酸化、乙醚萃取制取十二钨磷酸

将烧杯中的溶液和析出的少量固体一并转移至分液漏斗中。向分液漏斗中加入 20 mL 乙醚,再加入 5 mL 6 mol·L^{-1} HCl,振荡(注意:防止气流将液体带出),静止后液体分三层。上层是醚,中间是氯化钠、盐酸和其他物质的水溶液,下层是油状的十二钨磷酸醚合物。分出下层溶液,放入蒸发皿中,在电加热器上水浴加热蒸醚(醚易燃,避免明火加热),直至液面出现晶膜。若在蒸发过程中液体变蓝,则需滴加少许 30% H_2O_2 或溴水至蓝色褪去。将蒸发皿放在通风处(注意:防止落入灰尘),使醚在空气中渐渐挥发掉,即可得到白色或浅黄色十二钨磷酸固体,约 8.5 g。

(3) IR 吸收光谱的测定

在 600~1 100 cm^{-1} 之间有 4 条特征吸收谱带,分别对应 γas(P-Oa)、1 080 cm^{-1},γas(W-Od)、932 cm^{-1},γas(W-Ob-W)、889 cm^{-1} 和 γas(W-Oc-W)、801 cm^{-1}。

3. 乙酸异戊酯的合成

以 0.1 mol 的冰乙酸为标准,在醇酸比为 1.5、催化剂用量为 0.07 g、反应时间为 90 min、带水剂环己烷为 5~6 mL 时为最佳反应条件,酯化率可达 96.8%,产率达 84%,催化剂经酸化处理可循环使用。

4. 乙酸异戊酯的鉴定

酯化反应完毕,蒸去带水剂环己烷和过量的异戊醇,最后收集 140~142 ℃ 馏分的产物,经 IR、NMR、MS 鉴定,其为乙酸异戊酯。同时计算乙酸异戊酯的收率。

四、注意事项

1. 严格控制磷钨杂多酸制备条件;
2. 浓盐酸取用要戴护目镜和橡胶手套;
3. 注意减压蒸馏操作。

五、思考题

1. 为什么杂多酸是一种环境友好催化剂?
2. 十二钨磷酸具有较弱氧化性,与橡胶、纸张、塑料等有机物质接触,甚至与空气中灰尘接触时,均易被还原为"杂多蓝"。因此,在制备过程中,要注意哪些问题?
3. 杂多酸的催化酯化机制是什么?
4. 为什么实验中要用带水剂? 作为带水剂有何条件?

实验 14 食用橘子油香精的配制

一、实验目的

1. 学习食用橘子油香精的配制；
2. 了解香精的配置原理。

二、实验原理

香料工业包括合成香料、天然香料和调和香料（香精）。香精是由几种乃至数十种香料按一定香型调配而成的具有愉快悦人或适合口味的香料混合物。合成香料和天然香料，由于它们的香气比较单调，多数不能直接用于加香产品中。为了满足人们对香气的或香味的需求，往往将几种或几十种香原料混合制成香精。香精分为水溶性香精、油溶性香精、乳化香精和粉末香精等四大类。根据香型和用途，又可分为花香香型香精、非花香香型香精、果味香精、肉味香精、奶味香精或日用香精、酒用香精、烟用香精、药用香精等。香精在加香产品中的用量虽然只有百分之几，但对加香产品的质量起着重要作用。

本品为淡黄色至橙色油状液体，为油溶性香精，能与油脂混溶，不溶于水，具有新鲜的柑橘香味。为防止氧化，应保存在棕色玻璃瓶中。用于加热制作的糖果、饼干等热制食品。一般用量 0.05%～0.15%。由几种香料与植物油调配而成。

三、实验内容

称取冷榨橘子油 100 g、辛醛 0.1 g、柠檬醛 0.6 g、芳樟醇 0.2 g、壬醛 0.1 g、癸醛 0.2 g、植物油 98.8 g，放于烧杯中，搅拌混合均匀，静置。混合液应澄清透明，若有悬浮或不溶物，可过滤。

四、注意事项

1. 所用各种醛均易氧化，要避光、低温妥善保存。
2. 在浓度较高时，香精味不很悦人，请在通风橱中配制。

五、思考题

1. 香精与香料的区别有哪些？
2. 除冷榨橘子油之外，配方中其他香料有何特点？

实验 15 番茄红素和 β-胡萝卜素的提取分离

一、实验目的

熟悉从天然物中提取分离色素的常用方法和操作技能。

二、实验原理

食品的色泽是构成食品感官质量的一个重要因素,因此保持或赋予食品良好的色泽是食品科学技术的重要课题之一。

色素分人工合成色素和天然色素两大类。一般合成色素都有不同程度的毒性,因而现在人们倾向于使用天然色素。天然色素来源于植物色素、动物色素和微生物色素、其中以植物色素缤纷多彩,是构成食物色泽的主体。本实验从天然物番茄中提取 β-胡萝卜素和番茄红素。

β-胡萝卜素和番茄红素都属于类胡萝卜素,是由异戊二烯残基为单元组成的长链共轭双键为基础的一类多烯色素。大多数类胡萝卜素都可以看作是番茄红素的衍生物。β-胡萝卜素和番茄红素的实验式为 $C_{40}H_{56}$,结构如下:

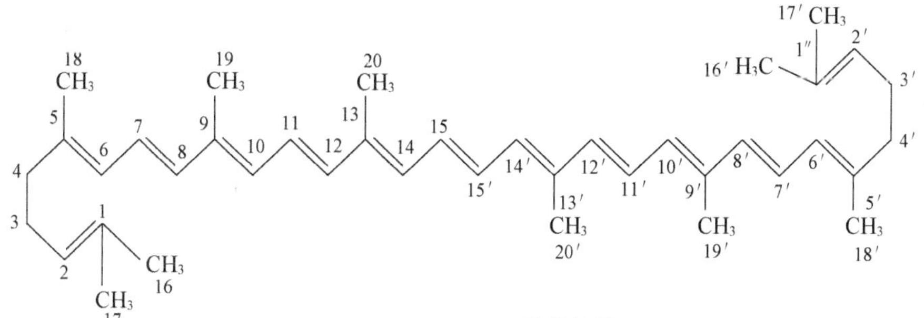

番茄红素

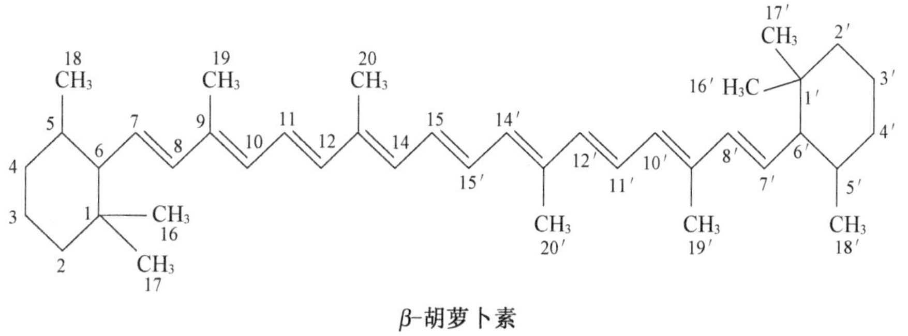

β-胡萝卜素

番茄红素的一端或两端环构化,以及环中双键位置的改变,便形成了它的各种同分异构体:α-、β-及 γ-胡萝卜素。

类胡萝卜素的颜色有黄、橙、红、紫,但由于不溶于水而给使用带来不便。现在人

们把 β-胡萝卜素吸附在明胶上或以可溶性的碳水化合物载体(如 β-环状糊精)作分子包埋,经喷雾干燥成"微囊分散体",形成水分散性 β-胡萝卜素,可用于饮料、乳品、果汁、冰淇淋等,给这类色素的应用带来了美好的前景。由于一分子 β-胡萝卜素中间断裂可形成二分子的维生素 A,0.6 微克的 β-胡萝卜素相当于 167 万国际单位的维生素 A,故它是一种廉价的维生素 A,既是天然色素,又是营养强化剂。番茄红素分子的两端没有 β-紫罗兰酮环,所以不能作为维生素 A,只可用作油性食品着色。

由于类胡萝卜素属于酯溶性物质,所以本实验采用二氯甲烷作为萃取剂。因为 CH_2Cl_2 不与水混溶,所以必须先除去样品中的水分才能有效地从组织中萃取出胡萝卜素来。因此,先用 95% 的乙醇把番茄组织中的水分除去。提取的胡萝卜素可用柱色谱进行分离,最后用薄层色谱法予以鉴定。

需要指出的是,β-胡萝卜素对光及氧极其敏感,在光照下,在 20 ℃ 的空气中存放 6 周,活性迅速降低,最大吸收值可下降到初值的 25%。如将温度升高到 45 ℃,6 周内绝大部分遭到破坏。对酸、碱也敏感,在弱碱条件下比在酸性条件下稳定。重金属离子特别是铁离子可使其颜色消失。番茄红素的耐光、耐氧性能也很差,不稳定。与铁接触会使之变褐。所以在提取、分离和使用时要特别注意。

三、实验内容

方法一:

1. 提取

称取新鲜番茄 30 克,捣碎。放入 50 mL 圆底烧瓶中,加入 15 mL 95% 乙醇,摇均,装上回流冷凝管。在水浴上加热回流 10 分钟。趁热抽滤(只把溶液倒出,残渣留在瓶中),再加入 10 mL 二氯甲烷,在水浴回流 5 分钟,冷却。将上层溶液倾出抽滤,固体仍留在烧瓶内。再加 10 mL 二氯甲烷重复萃取一次。合并乙醇和二氯甲烷的提取液,倾入 125 mL 分液漏斗中,加几毫升饱和氯化钠溶液,振荡,静置分层。将分出的二氯甲烷溶液用无水硫酸钠干燥,在通风橱中用热水浴蒸干,盖上盖子待用。

2. 柱色谱分离 β-胡萝卜素和番茄红素

称取 10 克中性或酸性氧化铝。置于 50 mL 锥形瓶中,加入 10 mL 苯,搅拌均匀成浆状。将它从色谱柱顶加入,此时柱顶应先加入 7 mL 苯。打开活塞,让液体流入接收瓶中,继续旋摇锥瓶,并将料注入柱中,直到得到 15 厘米高的氧化铝柱。在这过程中,应轻轻叩击柱子,并要以稳定的速率装柱,使柱装得均匀。装好的柱不能有裂缝和气泡,否则影响分离效果。在装好的氧化铝柱表面放上 0.5 厘米厚的石英砂,然后放走过剩的溶剂,直至溶剂面刚刚达到石英砂顶部水平面,关闭活塞。

将粗制的类胡萝卜素溶于 1~2 毫升苯中,用滴管加入柱顶。并留下几滴供以后的薄层色谱用,打开活塞。让有色物质流到柱上。当柱顶刚变干时即关闭活塞。用滴管沿柱的四壁加入几毫升苯,打开活塞,当液面下降到石英砂表面时即可加环己烷：石油醚(1∶1)30 mL 洗脱。黄色的 β-胡萝卜素在柱中移动较快,红色的番茄红素则移动较慢。收集洗脱液直至黄色的 β-胡萝卜素从柱上完全除去。然后换用极性较大的氯仿作洗脱剂洗番茄红素,换接受锥形瓶。将收集别的两个部分在通风橱内水浴蒸发至干,加塞,留待薄层色谱用。

3. 薄层色谱

将 3 克硅胶 G 加 6 毫升蒸馏水,调成浆糊状。用平铺法或倾柱法制成薄层板,在烘箱中于 105～110 ℃活化 30 min 后取出,保存在干燥器中待用。

在铺好的薄层色谱板上距离底边约 1 厘米处,分别用毛细管点上三个样品。中间点未提纯的混合物,两边分别点上从柱色谱分离得到的 β-胡萝卜素和番茄红素。如果配制的样品较稀,可多次在原来的位置上点样,但要尽量使样品斑点小。各样品点之间的距离为 1～1.5 厘米。将此薄板放入装有苯∶环己烷＝1∶9 的展开剂的层析缸中。盖上盖子。待溶剂上升至 10 cm 左右时,取出层析板晾干。计算 R_f 值。比较三个样品之间的关系。

附 β-胡萝卜素质量标准。本品以干重计含 $C_{40}H_{56}$ 应为 96.0%～101.0%。干燥失重(真空干燥 4 小时)不超过 1%。灼烧残渣不超过 0.2%,含砷不超过 $3×10^{-6}$,重金属不超过 $20×10^{-6}$,铅不超过 $10×10^{-6}$。溶解度合格试验:本品 0.1 克溶于 10 毫升氯仿,溶液应澄明。

方法二：

1. 制板

称取 GF-254 硅胶约 4 g 放入研钵中慢慢地研磨,一边慢慢加入 1%CMC(羧甲基纤维素钠)的水溶液 12 mL,待调成均匀的糊浆状后,将浆液倾倒在洁净的玻璃板上,用一洁净的玻璃棒把浆液在玻璃板上大致摊匀,用手将带浆的玻璃板在水平桌面上轻微的震动,并不时地转动方向,很快制成厚薄均匀,表面光洁平整的层析板,从调浆到涂布结束要求在 5 分钟内完成,不然浆料固化难涂均匀。

将上述制成的湿板停放在一个水平又防尘的地方,让其自然荫干固化,表面呈白色,再在干燥箱于 110 ℃下活化 1 小时,稍冷,取出置于干燥器中待用。水分对活性的影响很大,必须严格控制层析板的干燥与活化条件。

2. 提取

称取番茄酱 5 克,放入 250 mL 干净的锥形瓶中,加入 15 mL 二氯甲烷,搅拌回流 10 min。然后在水浴上加热至沸腾约 1 min,溶液为红色。用普通玻璃漏斗在另一干净的锥形瓶上过滤(滤纸用少量二氯甲烷润湿),在通风橱中用热水浴浓缩滤液至 1 mL,停止蒸发待用。

3. 展开

将苯∶环己烷＝1∶9 的展开剂放入层析缸中,使层析缸中蒸气趋于饱和。取制备好的层析板,将样品点在距板端 1.5 cm 起点线上,最好是用铅笔在板端 1.5 cm 处轻划一直线后再点样。分别用毛细管点上三个样品。间距在 $1\sim1.5\,cm$,样品的斑点直径不超过 $5\,mm$。但要尽量使样品斑点小。将此薄板放入展开剂的层析缸中,待溶剂上升至 $15\,cm$ 左右时,取出层析板晾干。计算 R_f 值。

四、注意事项

注意切勿让展开剂浸没样品点。

五、思考题

1. 一般每公斤新鲜成熟的番茄含 0.02 克番茄红素,试分析可能导致提取率降低的原因。

2. 柱色谱分离 β-胡萝卜素和番茄红素时若分离效果不好,可能的原因有哪些?

实验 16 薄层层析法对解热镇痛药片 ——APC 各组分的分离

一、实验目的

1. 掌握薄层色谱法的原理和操作；
2. 了解薄层层析法分离市售的止痛药片的方法。

二、实验原理

色谱法是分离、纯化和鉴定有机化合物的重要方法之一，根据操作条件的不同，可分为柱色谱、纸色谱、薄层色谱（也称为薄层层析）、气相色谱及高效液相色谱等类型。

薄层色谱（Thin Layer Chromatography）常用 TLC 表示，又称薄层层析，属于固-液吸附色谱。是近年来发展起来的一种微量、快速而简单的色谱法，它兼备了柱色谱和纸色谱的优点。一方面适用于小量样品（几到几十微克，甚至 0.01 μg）的分离；另一方面若在制作薄层板时，把吸附层加厚，将样品点成一条线，则可分离多达 500 mg 的样品。因此又可用来精制样品。故此法特别适用于挥发性较小或在较高温度易发生变化而不能用气相色谱分析的物质。此外，在进行化学反应时，常利用薄层色谱观察原料斑点的逐步消失来判断反应是否完成。

薄层色谱的特点：灵敏度及分辨率高、分离快速、操作方便、同时分离多个样品、样品预处理简单、设备简单。由于这些特点，薄层色谱在实际工作中的应用十分广泛。

本实验中，将用薄层层析法分离测定市售的止痛药片——APC 各组分。

三、实验内容

1. 层析板的制备

玻璃板的选择与清洗：选取平整、光滑、透明度好的平板玻璃，先用去污粉洗净，然后依次用自来水、蒸馏水洗净，待基本晾干后，用脱脂棉蘸丙酮擦干。

涂浆与涂布：称取 GF-254 硅胶约 4 g 放入研钵中慢慢地研磨，一边慢慢加入 1%CMC（羧甲基纤维素钠）的水溶液 12 mL，待调成均匀的糊浆状后，将浆液倾倒在洁净的玻璃板上，用一洁净的玻璃棒把浆液在玻璃板上大致摊匀，用手将带浆的玻璃板在水平桌面上轻微地震动，并不时地转动方向，很快制成厚薄均匀，表面光洁平整的层析板，从调浆到涂布结束要求在 5 分钟内完成，不然浆料固化难涂均匀。

干燥与活化：将上述制成的湿板停放在一个水平又防尘的地方，让其自然荫干固化，表面呈白色，再在干燥箱于 110 ℃下活化 1 小时，稍冷，取出置于干燥器中待用。

水分对活性的影响很大,必须严格控制层析板的干燥与活化条件。

2. 点样

样品液的制备:取一片止痛片(APC)在研钵中研细,然后转移到装有二氯甲烷(5 mL)和水(5 mL)的小烧杯中,经过充分地搅拌(约 15 min),固体物几乎全部溶解。将有机层转移到 25 mL 的锥形瓶中,用无水硫酸镁干燥,过滤除去干燥剂后,所得滤液可直接用于点样。

点样:点样是把样品加在预制的层析薄板上,点样不宜过多,一般 10~50 mg,斑点不宜过大,控制在直径 2~3 mm 内,将样品点在距板端 1.5 cm 起点线上,最好是用铅笔在板端 1.5 cm 处轻划一直线后再点样。点样一般使用管口平整的测熔点用的毛细管上即可。样品点的不好可引起斑点的重叠和拖尾现象,点样时拿毛细管稍蘸一下样液,轻轻地在预定的位置上一触即可,若样品浓度太稀时,需重复点样,而且要待前次点样的溶剂挥发后方可重点,以防样点过大,造成拖尾、扩散等现象,影响分离效果。点样要轻,切勿点样过重而使薄层破坏,点样后应使溶剂挥发至干再开始下一步的操作。若在同以一块板上点几个样,样点间距应为 1~2 cm。

在同一块层析板上点三个点:一个点为咖啡因(茶叶提取物),一个点为阿司匹林(实验合成物),另一个点为复方阿司匹林(镇痛药 APC,老师提供)。

3. 展开

展开缸:本实验所用的展开缸是用 280×160×70 mm 的玻璃标本缸代替,标本缸带有磨砂玻璃及盖子。使用前将其洗净磨砂部分并涂小量真空酯。

展开:将事先选好的展开剂(如一时找不到合适的展开剂时,我们推荐使用苯:乙醚:冰醋酸:甲醇=120:60:18:1 的混合溶液体系)放入干净的展开缸内,展开剂的深度达 1 cm 即可(展开剂一定要在点样线以下,不能超过。为什么?),盖好玻璃盖,使缸内的蒸气达到饱和。放入点好样品的层析板,盖好盖子,使样品在缸内进行展开分离。当展开剂上升到预定的位置时(通常是上升到离板的上端约 1 cm 处),立即取出层析板并尽快用铅笔再展开剂上升的前沿处画一记号,再在水平位置上风干,然后在红外灯下烘干冰醋酸。

4. 鉴定

显色:将烘干的层析板放入 254 nm 紫外分析仪中照射显色,可清晰地看到展开得到的粉红色斑点。其中 APC 是三个点。

定位:定出所有点的相对位置。量出斑点中心到原始点的距离及展开剂原始点中心到前沿的距离。测定 R_f 值。

$$R_f = 斑点中心到原始点的距离 / 展开剂原始点中心到前沿的距离$$

通过 R_f 值的分析结果,我们从有关文献中可查到相应化合物的名称,从而可确定起相应的组分。根据所得的实验数据,确定镇痛药 APC 的成分。

表 3 - 2 常见化合物的 R_f 值

化合物名称	R_f 值	λ_{max}	熔点/℃
水杨酸	0.86	304	159
阿司匹林	0.81	276	135～138
乙酰苯胺	0.64	241	113～115
非那西丁	0.60	249	134～136
咖啡因	0.30	273	234～237

注:展开剂为苯∶乙醚∶冰醋酸∶甲醇＝120∶60∶18∶1。

实验 17 洗发香波的配制

一、实验目的

1. 掌握配制洗发香波的工艺。
2. 了解洗发香波中各组分的作用和配方原理。

二、实验原理

1. 主要性质和分类

洗发香波(shampoo)是洗发用化妆洗涤用品,是一种以表面活性剂为主的加香产品。它不但有很好的洗涤作用,而且有良好的化妆效果。在洗发过程中不但去油垢、去头屑,不损伤头发、不刺激头皮、不脱脂,而且洗后头发光亮、美观、柔软、易梳理。

洗发香波在液体洗涤剂中产量居第三位。其种类很多,所以其配方和配制工艺也是多种多样的。可按洗发香波的形态、特殊成分、性质和用途来分类。

按香波的主要成分表面活性剂的种类,可将洗发香波分成阴离子型、阳离子型、非离子型和两性离子型。

按不同发质可将洗发香波分为通用型、干性头发用、油性头发用和中性洗发香波等产品。

按液体的状态可分为透明洗发香波、乳状洗发香波、胶状洗发香波。

按产品的附加功能,可制成各种功能性产品,如:去头屑香波、止痒香波、调理香波、消毒香波。

在香波中添加特种原料、改变产品的性状和外观,可制蛋白香波、菠萝香波、草莓香波、黄瓜香波、柔性香波、珠光香波等。

还有具有多种功能的洗发香波,如兼有洗发、护发作用的"二合一"香波,兼有洗发、去头屑、止痒功能的"三合一"香波。

2. 配制原理

现代的洗发香波已打破单纯的洗发功能,成为洗发、洁发、护发、美发等化妆型的多功能产品。

在对产品进行配方设计时要遵循以下原则:① 具有适当的洗净力和柔和的脱脂作用。② 能形成丰富而持久的泡沫。③ 具有良好的梳理性。④ 洗后的头发具有光泽、潮湿感和柔顺性。⑤ 洗发香波对头发、头皮和眼睑要有高度的安全性。⑥ 易洗涤、耐硬水,在常温下洗发效果应最好。⑦ 用洗发香波洗发,不应给烫发和染发操作带来不利影响。

在配方设计时,除应遵循以上原则外,还应注意选择表面活性剂,并考虑其配伍性良好。

主要原料要求:

(1) 能提供泡沫和去污力作用的主表面活性别,其中以阴离子表面活性剂为主。

(2) 能增进去污力和促进泡沫稳定性,改善头发梳理性的辅助表面活性剂,其中包括阴离子、非离子、两性离子型表面活性剂。

(3) 赋予香波特殊效果的各种添加剂,如去头屑药物、固色剂、稀释剂、螯合剂、增溶剂、营养剂、防腐利、染料和香精等。

3. 主要原料

洗发香波的主要原料由表面活性剂和一些添加剂组成。表面活性剂分主表面活性剂和辅助表面活性剂两类。主剂要求泡沫丰富,易扩散、易清洗、去垢性强,并具有一定的调理作用。辅剂要求具有增强稳定泡沫作用,洗后头发易梳理、易定型、光亮、快干,并有抗静电等功能。与主剂具有良好的配伍性。

常用的主表面活性剂有:阴离子型的烷基醚硫酸盐和烷基苯磺酸盐,非离子型的烷基醇酰胺(如椰子伯酸二乙醇酰胺等)。常用的辅助表面活性剂有:阴离子型的油酰氨基酸钠(雷米邦)、非离子型的聚氧乙烯山梨醇酐单酯(吐温)、两性离子型的十二烷基二甲基甜菜碱等。

香波的添加剂主要有:增调剂烷基醇酰胺、聚乙二醇硬脂酸酯、羧甲基纤维素钠、氯化钠等。遮光剂或珠光剂硬脂酸乙二醇酯、十八醇、十六醇、硅酸铝镁等。香精多为水果香型、花香型和草香型。螯合剂最常用的是乙二胺四乙酸钠(EDTA)。常用的去头屑止痒剂有硫、硫化钠、吡啶硫铜锌等。滋润剂和营养除有液体石蜡、甘油、羊毛酯衍生物、硅酮等。还有胱氨酸、蛋白酸、水解蛋白和维生素等。

三、实验内容

1. 配方

配方见表 3-3,同学们可自选。

表 3-3　洗发香波的参考配方

名　称	1#	2#	3#	4#
脂肪酸聚氧乙烯醚硫酸钠(AES)	8.0	18.0	9.0	4.0
脂肪酸二乙醇酰胺(6501)	4.0	5	4.0	4.0
十二烷基二甲基甜菜碱(BS-12)	6.0	5	12.0	
十二烷基苯磺酸钠(LAS-Na)				15.0
硬脂酸乙二醇酯			2.5	
柠檬酸	适量	适量	适量	适量

名　称	1#	2#	3#	4#
苯甲酸钠	1.0			
氯化钠	1.5		适量	
色素	适量	适量	适量	适量
香精	适量	适量	适量	适量
去离子水	加至 100	加至 100	加至 100	加至 100
香波种类	调理香波	透明香波	珠光调理香波	透明香波

注:以上为质量百分数。

2. 操作步骤

① 将去离子水称量后加入 250 mL 烧杯中、将烧杯放入水浴锅中加热至 60 ℃。

② 加入 AES 并不断搅拌至全部溶解,控温在 60～65 ℃。

③ 保持水温 60～65 ℃,在连续搅拌下加入其他表面活性剂至全部溶解,再加入羊毛酯、珠光剂或其他助剂,缓慢搅拌使其溶解。

④ 降温至 40 ℃以下加入香精、防腐剂、染料、螯合剂等,搅拌均匀。

⑤ 测 pH 值,用柠檬酸调节 pH 至 5.5～7.0。

⑥ 接近室温时加入食盐调节到所需黏度,并用黏度计测定香波的黏度。

四、注意事项

1. 用柠檬酸调节 pH 时,柠檬酸需配成 50% 的浴液。

2. 用食盐增稠时,食盐需配成 20% 的溶液。食盐的加入量不得超过 3%。

3. 加硬脂酸乙二醇酯时,温度控制在 60～65 ℃,且慢速搅拌,缓慢冷却。否则体系则无珠光。

五、思考题

1. 洗发香波配方的原则有哪些?

2. 洗发香波配制的主要原料有哪些? 为什么必须控制香波的 pH?

3. 可否用冷水配制洗发香波? 如何配制?

附:洗发香波常用配方

1. 配方

表 3 - 4　洗发香波常用配方

脂肪醇聚氧乙烯醚硫酸钠(AES)	13 g
6501	3 g
十二烷基硫酸钠	4 g
EDTA 二钠	0.1 g
卡松	0.1 g
氯化钠	2 g
香精	0.3 g

2. 操作步骤

① 将去离子水称量后加入 250 mL 烧杯中、将烧杯放入水浴锅中加热至 60 ℃。

② 加入 AES 并不断搅拌至全部溶解,控温在 60～65 ℃。

③ 保持水温 60～65 ℃,在连续搅拌下加入其他表面活性剂至全部溶解,再加入其他助剂,缓慢搅拌使其溶解。

④ 降温至 40 ℃以下加入香精、防腐剂、螯合剂等,搅拌均匀。

⑤ 接近室温时加入食盐调节到所需黏度。

实验 18　苯乙烯悬浮聚合

聚苯乙烯(Polystrene 英文缩写 PS)是诸多热塑型塑料中的一种。工业上采用悬浮聚合方法生产的聚苯乙烯是一种非晶态高分子,其平均分子量较高,分子量分布比较窄,适于挤塑、注塑等方法成型加工。聚苯乙烯制品具有较高的玻璃化温度和较高的热变形温度及其较优良电性能。

一、实验目的

1. 掌握苯乙烯的悬浮聚合原理和方法,了解聚合中各组分的作用和用量。

2. 通过实验了解苯乙烯悬浮聚合的特点,了解聚合中的工艺条件对聚合的影响因素等。

二、实验原理

本实验采用苯乙烯单体在引发剂过氧化二苯甲酰(benzoyl peroxide,英文缩写 BPO)的作用下,以水为分散介质,聚乙烯醇为悬浮剂,按自由基反应机理进行悬浮聚合。

苯乙烯在聚合过程中借助机械搅拌,使单体以细小的液滴悬浮于分散介质中,为了防止单体聚合后的珠粒凝结成团,在水中加入适量的悬浮剂聚乙烯醇,在工业生产中,一般采用水:单体为 2～4:1(WT,重量分数,下同),实验室操作,为了便于控制温度,比例稍高,为(8～10):1。搅拌速度的快慢将决定聚合物颗粒大小、均匀度。若搅拌速度太快,则颗粒分散太细,以致凝结成团;若搅拌速度太慢,则产物颗粒太大,均匀度也差。

聚合反应式如下:

$$nC_6H_5-CH=CH_2 \longrightarrow \underset{\quad\;\; C_6H_5}{-[CH-CH_2]_n}$$

三、实验内容

1. 按图 3-4 所示装好装置;

2. 聚乙烯醇溶液配置,先称取 0.3 g 聚乙烯醇于 100 mL 的烧杯中,然后加入 40 g 蒸馏水,放于水浴锅 70 ℃左右加热溶解;

3. 向四颈瓶中加入 70 g 蒸馏水夹好固定,浸于水浴锅中,装上冷凝管,通冷却水,开始加热水浴锅;

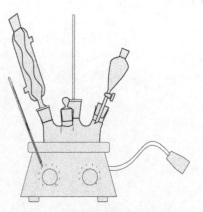

图 3-4　聚苯乙烯聚合反应示意

4. 称取 20 g 苯乙烯单体,0.3 g 过氧化二苯甲酰于锥形瓶中,待完全溶解后,加入四颈瓶中,启动搅拌,使苯乙烯单体油珠悬浮于水中;

5. 将预先溶解好的聚乙烯醇溶液加到四颈瓶中,再用 40 g 蒸馏水分别冲洗锥形瓶和烧杯后,加到四颈瓶中,开始升温,同时在四颈瓶内开始充氮气保护。

6. 聚合温度控制在 85～90 ℃,在反应过程中应不断搅拌,不断充氮气(注意:由于四颈瓶容积小,充氮气量不需要大),在反应 1.5～2 小时之后,要注意搅拌速度,防止反应生成的聚合物黏结成团。

7. 在反应 1 个多小时后,可用长吸管插入四颈瓶中吸出少量反应物料,冷却后观察,若有硬质的珠状物产生,则说明已有反应产物聚苯乙烯,继续反应 30 分钟左右后反应完毕;

8. 停止加温,往水浴锅内加冷水降温,停止充氮气。继续搅拌,冷凝管内继续通冷却水,10 min 后,停止搅拌;

9. 切断冷凝水,拆卸四颈反应瓶,将反应物料倒入烧杯,用倾泌法除去上层的水,并用蒸馏水洗涤至少 3 遍,注意不要将反应树脂冲走;

10. 洗涤后将反应物料和水倒入抽滤瓶抽滤脱水,将抽滤脱水得到的反应产物倒于培养皿中;

11. 放入烘箱 60 ℃ 干燥 1 小时左右,待树脂完全干燥后,取出称重,按下式计算聚合反应转化率:

$$转化率＝X/W×100\%$$

式中:X 为反应产物重量(g);W 为苯乙烯单体重量(g)。

四、注意事项

1. 反应初始,升温可以适当快些,如果升温太慢,会使部分聚合物分子量过大,造成树脂分子量分布很不均匀。

2. 用吸管向四颈瓶中取样时,吸管应贴近瓶壁,以防止吸管被搅拌桨打到,将吸到的树脂物料倒入加有水的烧杯中,观察树脂颗粒情况,若能沉于水底,则说明反应程度至少已经达到 70% 左右,聚合反应接近完成。

3. 在聚合反应初期以及聚合物颗粒硬化前,一定要控制好搅拌速度,一般控制搅拌速度 120～180 r/min。

五、思考题

1. 影响悬浮聚合速度的主要因素有哪些?
2. 悬浮剂的作用原理是什么?其用量一般是如何确定的?
3. 悬浮聚合对反应单体有什么要求?
4. 请简述悬浮聚合的主要优缺点。

实验 19 醋酸乙烯酯的乳液聚合

一、实验目的

1. 掌握实验室制备聚醋酸乙烯酯乳液的方法；
2. 了解乳液聚合的配方及乳液聚合中各个组分的作用；
3. 参照实验现象对乳液聚合各个过程的特点进行对比、认证。

二、实验原理

在乳液聚合中，有两种粒子成核过程，即胶束成核和均相成核。醋酸乙烯酯是水溶性较大的单体，28 ℃时在水中的溶解度为 2.5%，因此它主要以均相成核形成乳胶粒。所谓均相成核即水相聚合生成的短链自由基在水相中沉淀出来，沉淀粒子从水相和单体液滴吸附乳化剂分子而稳定，接着又扩散入单体，形成乳胶粒的过程。

醋酸乙烯酯乳液聚合最常用的乳化剂是非离子型乳化剂聚乙烯醇。聚乙烯醇主要起保护胶体作用，防止粒子相互合并。由于其不带电荷，对环境和介质的 pH 不敏感，但是形成的乳胶粒较大。而阴离子型乳化剂，如烷基磺酸钠 $RSO_3Na(R=C_{12}\sim C_{18})$ 或烷基苯磺酸钠 $RPhSO_3Na(R=C_7\sim C_{14})$，由于乳胶粒外负电荷的相互排斥作用，使乳液具有较大的稳定性，形成的乳胶粒子小，乳液黏度大。本实验将非离子型乳化剂和离子型乳化剂按一定比例混合使用，以提高乳化效果和乳液的稳定性。非离子型乳化剂使用聚乙烯醇和 OP-10，主要起保护胶体作用；而离子型乳化剂选用十二烷基磺酸钠，可减小粒径，提高乳液的稳定性。

醋酸乙烯酯胶乳广泛应用于建材纺织涂料等领域，主要作为黏合剂使用，既要具有较好的粘接性，而且要求黏度低，固含量高，乳液稳定。聚合反应采用过硫酸盐为引发剂，按自由基聚合的反应历程进行聚合，主要的聚合反应式如下：

$$S_2O_8^{2-} \longrightarrow SO_4 \cdot$$

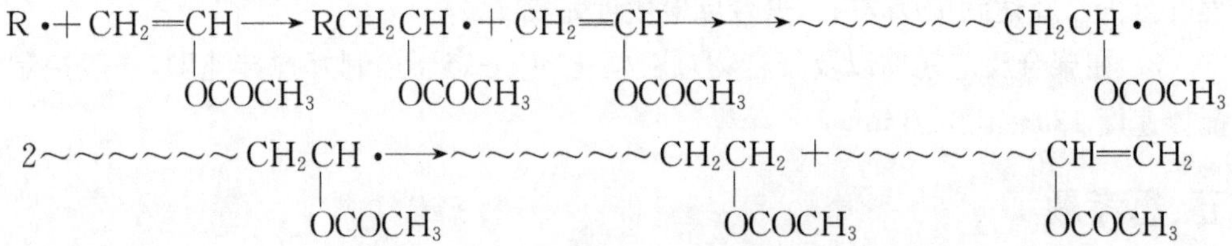

$$R \cdot + \underset{\underset{OCOCH_3}{|}}{CH_2=CH} \longrightarrow \underset{\underset{OCOCH_3}{|}}{RCH_2CH} \cdot + \underset{\underset{OCOCH_3}{|}}{CH_2=CH} \longrightarrow \sim\sim\sim\sim\sim \underset{\underset{OCOCH_3}{|}}{CH_2CH} \cdot$$

$$2\sim\sim\sim\sim\sim \underset{\underset{OCOCH_3}{|}}{CH_2CH} \cdot \longrightarrow \sim\sim\sim\sim\sim \underset{\underset{OCOCH_3}{|}}{CH_2CH_2} + \sim\sim\sim\sim\sim \underset{\underset{OCOCH_3}{|}}{CH=CH_2}$$

三、实验内容

1. 实验装置如图 3-5，四口瓶中装好搅拌器、回流冷凝管、滴液漏斗和温度计。根据配方准确量取各种试剂。首先加入 0.5 g 乳化剂 OP-10，然后加入 44 mL 去离子水。开动搅拌，加入 3.0 g 聚乙烯醇，水浴，使温度升至 90~95 ℃搅拌 0.5 小时，将聚乙烯醇完全溶解,冷却备用。

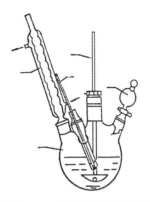

图 3-5 乳液聚合反应装置

2. 称取 0.3 g 过硫酸铵,配成 5％过硫酸铵溶液。

3. 聚合:用事先称重的小烧杯称取 10 g 蒸馏过的醋酸乙烯酯和 2 mL 5％过硫酸铵溶液,加入乳化剂的上述四颈烧瓶中,快速搅拌,水浴加热。保持温度在 60～70 ℃。当回流基本消失后,用恒压滴液漏斗在 1.5～2 小时内缓慢加入 34 g 蒸馏过的醋酸乙烯酯(要求学生自己考虑),并按比例加入余量的 5％过硫酸铵溶液。

4. 冷却至 50 ℃,加入 2～4 mL 5％碳酸氢钠溶液,调整 pH 至 5～6,然后加入 5.0 g 邻苯二甲酸二丁酯,快速搅拌 10～30 min,冷却,即得白色稠厚的乳液。

四、分析项目

测定乳液的黏度(100 mL 烧杯,2 号转子,转速 60 或 30)。

五、思考题

1. 醋酸乙烯乳液聚合体系与理想的乳液聚合体系有何不同?
2. 如何从聚合物乳液中分离出固体聚合物?
3. 为什么要严格控制单体滴加速度和聚合反应温度?

六、注意事项

1. 醋酸乙烯酯为无色液体,性易变,不溶于水,沸点为 71～73 ℃,高度易燃,应远离火种存放。使用时应避免吸入蒸汽。其分子量为 86.09,熔点为 -100.20 ℃,密度为 0.933 5 g/cm³,闪点为 -7.78 ℃,自燃点为 426.6 ℃,折射率为 1.395 8。能溶于醚、醇等大多数有机溶剂,易聚合。为防止聚合,通常商品中加入阻聚剂。遇氯、溴、氧则迅速起加成反应。遇盐酸、氟化氢、硝酸、硫酸、氯磺酸、发烟硫酸等反应猛烈。其蒸气能与空气形成爆炸性混合物。遇火星、高温、氧化剂有燃烧危险。长期贮存易聚合,聚合放热会引起爆炸。有麻醉性。对眼睛有刺激性,皮肤长期接触会引起皮炎。

应用:主要用作制造维尼纶的原料。涂料工业用于制造建筑涂料和乳胶涂料。造纸工业用于制造纸张增强剂。纺织工业用作纺纱上浆剂。塑料工业用于制造 EVA 树脂。玻璃工业用于制造安全玻璃。有机工业用于制造乳化剂、黏合剂等。分析化学中用作化学试剂。

2. 醋酸乙烯酯的聚合可采用溶液、乳液、本体等聚合方法。采用何种方法决定于产物的用途。如果作为涂料或黏合剂,多采用乳液聚合方法。聚醋酸乙烯酯胶乳具有水基漆的优点,即黏度较小,而分子量较大,不用易燃的有机溶剂。作为黏合剂时(俗称白胶),无论木材纸张织物均可使用。若要进一步醇解制备聚乙烯醇,则采用溶液聚合,这就是维尼纶合成纤维工业所采用的方法。

3. 醋酸乙烯酯的均聚物,玻璃化温度约为 28 ℃,低温下发脆,为此,常采用外加增塑剂的方法改进使用性能,也可采用与具有柔性的单体共聚的方法,如与丙烯酸酯共聚。

4. 如果 5% 过硫酸铵溶液第一次加入量不够,就无法引发反应,继续加入直至引发反应。滴加单体的速度要均匀,防止加料太快发生爆聚冲料等事故,过硫酸铵水溶液数量少,需按比例加入,与单体同时加完。

背景知识

实验拓展

1. 固含量测定

在已称好的铝箔中加入 0.5 g 左右试样(精确至 0.000 1 g),放在平面电炉上烘烤至恒重。按下式计算固含量:

$$固含量 = \frac{W_2 - W_0}{W_1 - W_0}$$

式中:W_0 为铝箔重;W_1 为干燥前试样重+铝箔重;W_2 为干燥后试样重+铝箔重。

2. 转化率的测定

$$转化率 = \frac{W_c - S \times \frac{W_b}{W_a}}{G \times \frac{W_b}{W_a}} \times 100\%$$

式中:W_c 为取样干固含量;

S 为实验中加入的乳化剂、引发剂、增塑剂总重量;

W_a 为四口瓶内乳液体系总重量;

W_b 为取样湿重量;

G 为实验中醋酸乙烯酯单体加入总重量。

实验 20　荧光增白剂 PEB 的合成

一、实验目的

了解荧光增白剂 PEB 的合成原理和合成方法。

二、实验原理

1. 主要性质和用途

荧光增白剂 PEB(flyorescent bleaching agent，PEB)，结构式为：

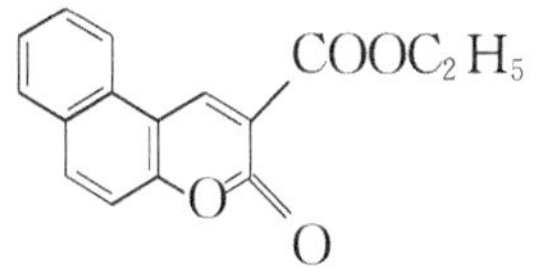

本品是淡黄色粉末，不溶于乙醇。主要用于赛璐珞白料、聚氯乙烯、乙酸纤维等白料的增白和色料的增艳。

2. 合成原理

① 醛化：β-萘酚与氯仿在碱性条件于乙醇中反应，然后再用酸中和生成 2-羟基-1-萘甲醛。

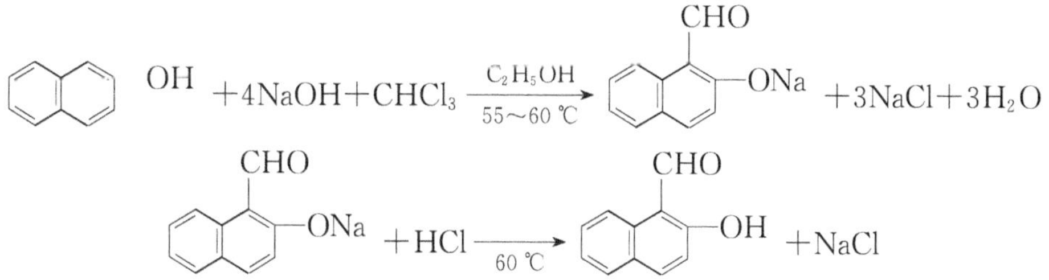

② 成环：在醋酸酐存在下，2-羟基-1-萘甲醛与丙二酸二乙酯反应生成荧光增白剂 PEB。

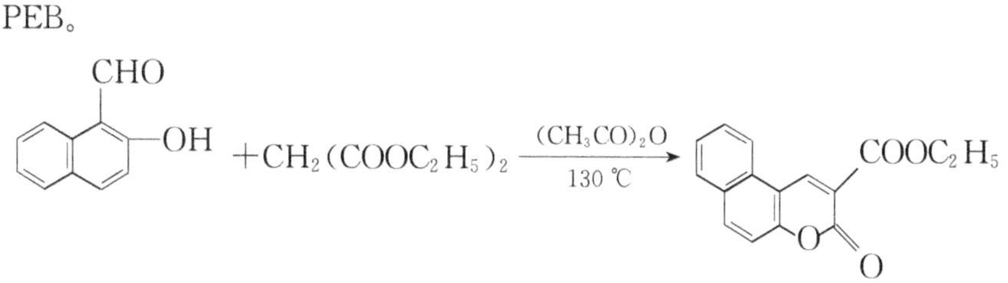

三、实验内容

1. β-萘酚的醛基化

于三口烧瓶中加入 48 g 乙醇、18 g β-萘酚，加热至 40 ℃，搅拌 30 min。加入

75 mL 30％氢氧化钠溶液,升温至 75 ℃,在 30 min 滴加完 20 g 氯仿,并在 78 ℃下保温反应 2 h。然后升温至 90 ℃,蒸出乙醇和过量氯仿(用直形冷凝管冷凝)。蒸完后将三口烧瓶冷却至 30 ℃以下,将反应物倒入 250 mL 烧杯中,静止 6 h 后过滤。滤饼加 40 mL 水,加热至 60 ℃,用盐酸中和至 pH＝2～3。冷却,过滤。滤饼在 60 ℃以下干燥。即得 2-羟基-1-萘甲醛。

2. 环合

将 6 g 2-羟基-1-萘甲醛,6 g 丙二酸二乙酯和 10 g 醋酐加入圆底烧瓶中,搅拌,在 130 ℃下加热回流 6 h。停止加热后再搅拌 1 h,待冷却至 80 ℃以下,静止 24 h。过滤,并用 10％纯碱液洗涤滤饼,再用清水洗涤滤饼至中性。然后将滤饼放入50 mL 烧杯中,加入 5 mL 乙醇,加热溶解(温度不宜太高)。冷却、过滤,滤饼用少量乙醇冲洗,然后在 60 ℃下烘干,粉碎,称量产物重量,并计算产率。

四、注意事项

1. 乙醇和氯仿均为易燃物,蒸馏时应倍加注意,以防着火。
2. 过滤操作也可用普通玻璃漏斗。
3. 用乙醇精制"PEB"时,温度应降到室温后再过滤。

五、思考题

1. 制备 2-羟基-1-萘甲醛还有哪些方法? 写出化学方程式。
2. 简述成环反应的条件和荧光增白剂 PED 的精制方法。

实验 21 5-氨基邻苯二甲酰肼的制备

一、实验目的

1. 学习鲁米诺的制备原理和实验方法；
2. 了解鲁米诺化学发光的原理。

二、实验原理

许多化学反应都是以发热的形式释放能量，也有一些化学反应主要是以光的形式释放能量，鲁米诺(Luminol)化学名称为 5-氨基邻苯二甲酰肼，它在碱性条件下与氧分子的作用就是一个典型的化学发光例子。一般认为，鲁米诺在碱性溶液中转化为二价负离子，后者与氧分子反应生成一种过氧化物，过氧化物不稳定而生分解，导致形成一种具有发光的电子激发中间体。现已证实，发光体是 3-氨基邻苯二甲酸盐二价负离子的激发单线态。当激发单线态返回至基态，就会产生荧光。激发态中间体也可将能量传递至激发能量较低的受体分子，受激发的受体分子再通过发出荧光释放能量恢复至基态。不同受体分子的激发态能量的差异使得其发出的荧光各不相同，这些现象在本实验中都可观察得到。

本实验以 3-硝基-邻苯二甲酸和肼作为原料，在经过胺解反应和还原反应制得目标产物鲁米诺，然后研究其化学发光特性。

反应式为：

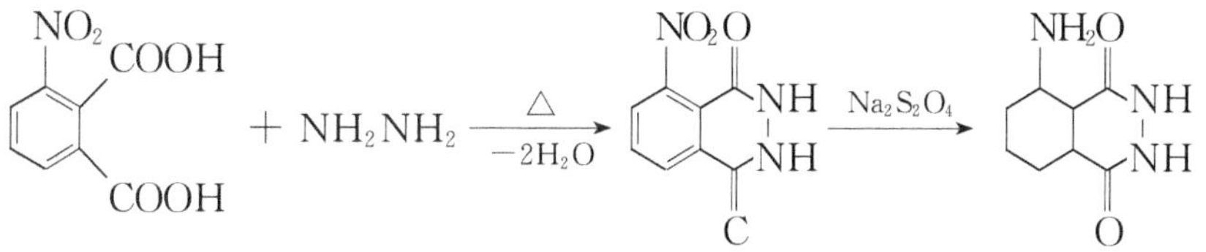

三、实验内容

1. 3-硝基-邻苯二甲酰肼的制备

将 1.3 g 3-硝基-邻苯二甲酸和 2 mL 质量百分数为 10% 的水合肼加入装有温度计和冷凝管的 250 mL 三口瓶中，用电热套加热至固体溶解，加入 4 mL 二缩三乙二醇，将三口瓶垂直固定在铁架台上，加入沸石并插入温度计，将三口瓶的一支口通过安全瓶与水泵相连。打开水泵并加热吸滤管，约 5 min 后，温度快速升至 200 ℃ 以上，继续加热，使反应温度维持在 210～220 ℃ 约 2 min，打开安全瓶上活塞使反应体系与大气相通，停止加热和抽气。让反应冷却至 100 ℃，加入 20 mL 热水，进一步冷却至室温，过滤，收集浅黄色晶体 3-硝基-邻苯二甲酰肼(中间体)。

2. 鲁米诺的制备

将中间体转入 25 mL 小烧杯中,加入 6.5 mL 10%氢氧化钠,搅拌使固体溶解,加入 4 g 水合连二亚硫酸钠,然后加热至沸腾并不断搅拌,保持 5 min,稍冷后,加入 2.6 mL 冰醋酸,继而在冷水浴中冷却至室温,有大量浅黄色晶体析出,过滤、洗涤后收集产物约 0.5 g。5-氨基邻苯二甲酰肼呈黄色晶体熔点 319~320 ℃。

3. 鲁米诺的发光

在 100 mL 锥形瓶中依次加入 3~5 g 氢氧化钾、20 mL 二甲亚砜和 0.2 g 未经干燥的鲁米诺,加瓶塞。剧烈摇荡使溶液与空气充分接触,此时,在暗处就能观察到锥形瓶中发出的微弱蓝色荧光。继续摇荡并不时打开瓶塞让新鲜空气进入瓶内,瓶中的荧光会越来越亮。

若将不同荧光染色剂(1~5 mg)分别溶于 2~3 mL 水中,并加到鲁米诺二甲亚砜溶液中就可获得不同颜色的荧光。

具体为:

无染料: 蓝白色

曙红: 橙红色

罗丹明 B: 绿色

荧光素: 黄绿色

四、注意事项

1. 水合肼极毒并具有强腐蚀性,应避免与皮肤接触;

2. 停止加热前,一定要先打开安全瓶上的活塞,使反应体系与大气相通,否则容易发生倒吸。

五、思考题

1. 鲁米诺的发光原理是什么?

2. 本实验在做鲁米诺发光演示时,为什么要不时打开瓶盖剧烈振摇?

实验 22　避蚊剂——N,N-二乙基间甲苯甲酰胺的合成

一、实验目的

1. 学习硝基氧化理论和实验方法,了解酰氯和酰胺的制备方法;
2. 掌握驱虫剂 N,N-二乙基间甲苯甲酰胺的合成;
3. 掌握油水分离器的使用、无水操作、废气处理、重结晶、减压蒸馏、折光率测定等操作技术,了解柱层析法。

二、实验原理

蚊虫是人类的大敌,它能够传播许多疾病。例如,疟疾、肝炎、痢疾等许多疾病,每年在非洲就有数以百计的人死于疟疾。人们的研究表明:蚊虫是通过其触须上的二氧化碳感受器感知哺乳动物排放在空气中的二氧化碳浓度而发动进攻的。因此,驱虫剂的作用就是阻塞蚊虫的二氧化碳感受器,从而干扰了蚊虫对寄主的定位。

驱虫剂的有效驱蚊能力与相对分子质量和分子形状有关。好的驱虫剂相对分子质量为 $150\sim250$,分子形状为球形。

本实验合成的 N,N-二乙基间甲苯甲酰胺是常用驱虫剂"一扫光"中的活性成分。它属于酰胺类化合物,是二取代酰胺,即酰胺的—NH_2 上的两个氢已被乙基所取代。它能有效地驱逐蚊虫、虱、扁虱和其他叮人的小虫。

合成步骤如下:

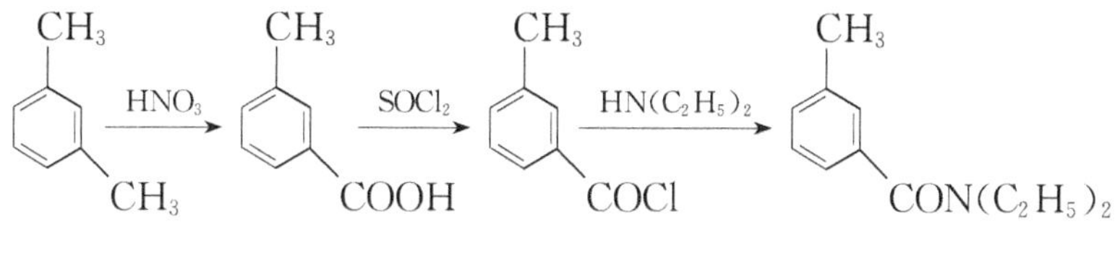

三、实验内容

1. 间-甲苯甲酸的合成

在 100 mL 三口烧瓶上,配置滴液漏斗、油水分离器、回流冷凝管以及盛有 10% 氢氧化钠水溶液的气体吸收装置。向烧瓶中加入 30 mL 间二甲苯和几粒沸石,加热至沸后自滴液漏斗慢慢滴加 12 mL 70%硝酸,需时约 40 min。滴加完毕,继续回流 1 h,反应中,要不断放掉积在油水分离器中的水。反应结束后,待反应液冷却至室温,倒入分液漏斗中,加入 20%氢氧化钠溶液至混合液呈碱性,充分震荡。静置分层,有机相再用 10 mL 20%氢氧化钠溶液洗涤。前后两次的碱液合并于烧杯中,用滴管滴加浓盐酸至溶液呈酸性,有沉淀析出。过滤,滤饼用少量水洗涤,抽干后干燥,即得黄色间甲苯甲酸粗品。

2. 间-甲苯甲酰氯的合成

在 100 mL 三口烧瓶上,配置回流冷凝管,在冷凝管上端依次装上氯化钙干燥管和盛有碱液的气体吸收装置。将上述制得的间-甲苯甲酸(干燥)和 4.5 mL 亚硫酰氯分别加入烧瓶中,加入 2 粒沸石。通冷凝水后,慢慢加热至沸腾,反应混合物中有氯化氢气体产生,回流 20～30 min 后,反应物中不再有氯化氢气体放出,停止加热。将反应装置改为蒸馏装置,蒸出剩余的亚硫酰氯,烧瓶中反应物即为间-甲苯甲酰氯粗品。

3. N,N-二乙基-间甲苯甲酰胺的合成

稍冷后,在原三口烧瓶上,装上搅拌器、滴液漏斗和回流冷凝管,冷凝管上端依次设置氯化钙干燥管和盛有 10% 氢氧化钠水溶液的气体吸收装置。自滴液漏斗加入 30 mL 无水乙醚于三口烧瓶中,搅拌下将二乙胺乙醚溶液(10 mL 二乙胺与 20 mL 无水乙醚配制而成)慢慢滴入三口烧瓶。反应放热,必要时可用冷水浴冷却反应瓶。大约 20 min 滴加完毕。继续搅拌回流 0.5 h,反应混合物呈淡黄色糊状物。反应结束后,将反应混合物转入分液漏斗,用 20 mL 5% 氢氧化钠溶液洗涤反应瓶,并将洗涤液倒入分液漏斗。振摇,静置分层,除去水层。醚层依次用 20 mL 5% 氢氧化钠溶液、20 mL 10% 盐酸洗涤,然后再用水洗涤 2～3 次(每次 20 mL),使醚层呈中性,用无水硫酸钠干燥。热水浴蒸除乙醚,即得粗产物。

粗产物通过柱层析法加以提纯。用石油醚(60～90 ℃)和乙酸乙酯的混合液 (V∶V=2∶1)进行洗脱,间甲苯甲酰胺将是第一个被淋洗出来的化合物,收集液呈浅黄色。收集液用旋转蒸发仪蒸除溶剂,即得 N,N-二乙基-间甲苯甲酰胺。粗产品也可经减压蒸馏提纯,收集 160～163 ℃/2.7 kPa(20 mmHg)馏分。

粗产品为透明棕黄色油状物,bp 111 ℃/133.3 Pa(1 mmHg),并进行红外光谱的测试。

四、注意事项

1. 如果分层困难,可加入 1～2 mL 饱和食盐水。
2. 将粗产品溶解于 15 mL 乙醚中,溶液中不溶性白色固体为少量间-苯二甲酸,经过滤将其除去,收集滤液,蒸除溶剂,得间甲苯甲酸纯品。
3. 二乙胺加入速度要控制,加入过快,会造成恒压漏斗的出口堵塞。

五、思考题

1. 氧化反应中,会发生什么副反应? 如何避免?
2. 在间甲苯甲酰氯的合成操作中,如果仪器或药品含有水分,对反应会产生什么影响?
3. 后处理过程中,为什么分别用稀碱和稀酸洗涤醚层?

实验 23 催化剂载体——活性氧化铝的制备

一、实验目的

1. 通过铝盐与碱性沉淀剂的沉淀反应,掌握氧化铝催化剂载体的制备过程;
2. 了解制备氧化铝水合物的技术和原理;
3. 掌握活性氧化铝的成型方法。

二、实验原理

活性氧化铝(Al_2O_3)是一种具有优异性能的无机物质,不仅能作脱水吸附剂、色谱吸附剂,更重要的是作催化剂和催化剂载体,并广泛用于石油化工领域。它涉及重整、加氢、脱氢、脱水、脱卤、歧化、异构化等各种反应。它之所以能如此广泛地被采用,主要原因是它在结构上有多种形态及物理性质和化学性质的千差万别。学习有关 Al_2O_3 的制备方法,对掌握催化剂的制备有重要意义。

催化剂或催化剂载体用的氧化铝,在物理性质和结构方面都有一定要求。最基本的是比表面积、孔结构、晶体结构等。例如,重整催化剂是将贵重金属铂、铼载在 γ - Al_2O_3 或 η - Al_2O_3 上。氧化铝的结构对反应活性影响极大,载于其他形态的氧化铝上,其活性是很低的,如烃类脱氢催化剂,若将 Cr - K 载在 γ - Al_2O_3,或 η - Al_2O_3 上,活性较好,而载在其他形态氧化铝上,活性很差。这说明它不但起载体作用,而且也起到了活性组分的作用,因此,也称这种氧化铝为活性氧化铝。α - Al_2O_3 在反应中是惰性物质,只能作载体使用。制备活性氧化铝的方法不同,得到的产品结构亦不相同,其活性的差异颇大,因此制备中应严格掌握每一步骤的条件,不应混入杂质。尽管制备方法和路线很多,但无论哪种路线都必须制成氧化铝水合物(氢氧化铝),再经高温脱水生成氧化铝。自然界存在的氧化铝或氢氧化铝脱水生成的氧化铝,不能作载体或催化剂使用。这不仅是杂质多,更主要是难以得到所要求的结构和催化活性。为此,必须经过重新处理,可见制备氧化铝水合物是制备活性 Al_2O_3 的基础。

氧化铝水合物经 X 射线分析,可知有多种形态。通常分为结晶态和非结晶态。结晶态中含有一水和三水化物 2 类形体;非结晶态则含有无定形和结晶度很低的水化物 2 种形体,它们都是凝胶态。可总括为下述表达形式:

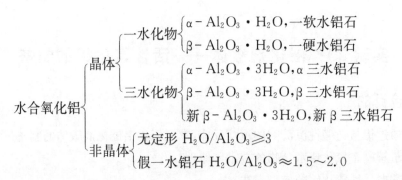

无定形水合氧化铝,尤其一水铝石,在制备中能通过控制溶液 pH 或温度,向一水合氧化铝转变。经老化后大部分变成 $\alpha - Al_2O_3 \cdot H_2O$,而这种形态是生成 $\gamma - Al_2O_3$ 的唯一路线。上述 $\alpha - Al_2O_3 \cdot H_2O$ 凝胶是针状聚集体,难以洗涤过滤。$\beta - Al_2O_3 \cdot 3H_2O$ 是球形颗粒,紧密排列,易于洗涤过滤。

氧化铝水合物是非稳定态,加热会脱水,随着脱水气氛和脱水温度的不同可生成各种晶型的氧化铝。当受热到 1 200 ℃时,各种晶形的氧化铝都将变成 $\alpha - Al_2O_3$(亦称刚玉)。$\alpha - Al_2O_3$ 具有最小的表面积和孔容积。

由此可见,不论获得何种晶型的氧化铝都要首先制成氢氧化铝。氢氧化铝也是制陶瓷和无机阻燃剂及阻燃添加剂的重要原料。

制备水合氧化铝的方法很多,其中有以铝盐、偏铝酸钠、烷基铝、金属铝、拜耳氢氧化铝等为原料的方法,并控制温度、pH、反应时间、反应物浓度等,得到均一的相态和不同的物性。通常有下列几种方法;

(1)以铝盐为原料:用 $AlCl_3 \cdot 6H_2O$、$Al_2(SO_4)_3 \cdot 18H_2O$、$Al(NO_3)_3 \cdot 9H_2O$、$KAl(SO_4)_2 \cdot 12H_2O$ 等的水溶液与沉淀剂——氨水、NaOH、Na_2CO_3 等溶液作用生成氧化铝水合物。

$$AlCl_3 + 3NH_4OH \longrightarrow Al(OH)_3 \downarrow + 3NH_4Cl$$

球状活性氧化铝以三氯化铝为原料,有较好的成型性能。实验室多使用该法制备水合氧化铝。

(2)以偏铝酸钠为原料:偏铝酸钠可在酸性溶液作用下分解,沉淀析出氢氧化铝。此原料在工业生产上较经济,是常用的生产活性氧化铝的路线,常因混有不易脱除的 Na^+,故常用通入 CO_2 的方法制各种晶型的 $Al(OH)_3$。

$$2NaAlO_2 + CO_2 + 3H_2O \longrightarrow Na_2CO_3 + 2Al(OH)_3 \downarrow$$

$$NaAlO_2 + HNO_3 + H_2O \longrightarrow NaNO_3 + Al(OH)_3 \downarrow$$

制备过程中 Al^{3+} 和 OH^- 存在是必要的,其他离子可经水洗被除掉。

另外还有许多方法,它们都是为制取特殊要求的催化剂或载体而采用的。制备催化剂或载体时,都要求除去 S,P,As,Cl 等有害杂质,否则催化活性较差。

本实验采用铝盐与氨水沉淀法。将沉淀物在 pH=8~9 范围内老化一定时间,使之变成 α-水铝石,再洗涤至无氯离子。将滤饼用酸溶成流动性较好的溶胶,用滴加法滴入油氨柱内,在油中受表面张力作用收缩成球,再进行氨水中和,经中和和老化后形成较硬的凝胶球状物(直径为 1~3 mm),经水洗油氨后进行干燥。也可将酸化的溶胶喷雾到干燥机内,生成 40~80 μm 的微球氢氧化铝。上述过程可用图 3-6 表示。

$$\boxed{\begin{array}{c}AlCl_3 \\ \hline NH_4OH\end{array}} \rightarrow \boxed{沉淀} \rightarrow \boxed{老化} \rightarrow \boxed{过滤} \rightarrow \boxed{洗涤} \rightarrow \boxed{滤饼酸化} \rightarrow \boxed{成型} \rightarrow \boxed{干燥} \rightarrow \boxed{灼烧} \rightarrow \boxed{Al_2O_3\ 成品}$$

图 3-6　铝盐与氨水沉淀法流程

沉淀是制成一定活性和物理性质的 Al_2O_3 关键,对滤饼洗涤难易有直接影响。其操作条件决定了颗粒大小、粒子排列和结晶完整程度。加料顺序、浓度和速度也都有影响,沉淀中 pH 不同,得到的水化物也不同。例如:

$$Al^{3+}+OH^- \begin{cases} \xrightarrow{pH<7} 无定形胶体 \\ \xrightarrow{pH=9} \alpha\text{-}Al_2O_3 \cdot H_2O\ 胶体 \\ \xrightarrow{pH>10} \beta\text{-}Al_2O_3 \cdot 3H_2O\ 结晶 \end{cases}$$

当将 Al^{3+} 倾倒于碱液中时,pH 由大于 10 向小于 7 转变,产物有各种形态水化物,不易得到均一形体。如果反向投料,若 pH 不超过 10,只有 2 种形体,经老化也会趋于一种形体。为此,并流接触并维持稳定 pH,可得到均一的形体。

老化是使沉淀形成、不再发生可逆结晶变化的过程;同时使一次粒子再结晶、纯化和生长;另外也使胶粒之间进一步黏结,胶体粒子得以增大。这一过程随温度升高而加快,常常在较高温度下进行。

洗涤是为了除去杂质。若杂质以相反离子形式吸附在胶粒周围而不易进入水中时,则需用水在搅拌情况下把滤饼打散成浆状物再过滤,多次反复操作才能洗净。若有 SO_4^{2-} 存在,则难以完全洗净。当 pH 近于 7 时,在 $Al(OH)_3$ 中加入少量 HNO_3,发生如下反应:

$$Al(OH)_3 + 3HNO_3 \longrightarrow Al(NO_3)_3 + 3H_2O$$

生成的 Al^{3+} 在水中电离并吸附在 $Al(OH)_3$ 表面上,NO_3^- 为反离子,从而形成胶团的双电层,仅有少量 HNO_3 就足以使凝胶态的滤饼全部发生胶溶,以致变成流动性很好的溶胶体。当 Cl^- 或 Na^+ 或其他离子存在时,溶胶的流动性和稳定性变差。应尽可能避免杂质存在,否则会影响催化剂的活性。利用溶胶在适当 pH 和适当介质中能凝胶化的原理,可把溶胶以小滴形式滴入油层,这时因表面张力的作用而形成球滴。球滴下降中遇碱性质形成凝胶化小球,以制备 Al_2O_3 小球催化剂。

三、实验内容

1. 溶液配制

取 285 mL 蒸馏水放于 500 mL 烧杯内。在粗天平上称量 15 g 无水 $Al_2(SO_4)$,

分次投入水中,搅拌后澄清。如果有不溶物或颗粒杂质,可用漏斗过滤,最终配成质量浓度为 50 g/L 的 $Al_2(SO_4)$ 的溶液。

取体积分数为 25% 的 $NH_3 \cdot H_2O$ 溶液 50 mL,用水稀释 1 倍待用。

2. 水合氧化铝的制备

将硫酸铝溶液放入烧杯内,并装上搅拌器,在搅拌下快速倒入氨水(理论量的80%),观察搅拌桨叶的转动情况。若溶液变黏稠,再加少许氨水,沉淀的胶体变稀,用玻璃棒蘸取沉淀胶体滴在 pH 试纸上。测定 pH 在 8~9 之间则合格,停止加氨水,继续搅拌 30~40 min,随时测 pH,如有下降再补加氨水。

30 min 后将其静止老化 1 h。

将老化的凝胶倒入抽滤漏斗内过滤。第一次过滤速度较快,随着洗涤次数的增加,过滤速度逐渐减慢。

取出过滤剂抽干的滤饼,放在 1 000 mL 的烧杯内,加入 300 mL 蒸馏水,在搅拌器内打碎滤饼,此操作称为打浆。全部变成浆状物后,再次过滤。通常至少洗涤5 次,最后用硝酸银溶液滴定滤液,若不产生白色沉淀,即为无氯离子。取少量凝胶在显微镜下观察。

将洗好的滤饼放在 500 mL 的烧杯内,称重,待酸化后使用。

3. 成型操作

取 500 mL 量筒,内放 300 mL 体积分数为 12.5% 的氨水和 50 mL 变压器油,再加少量表面活性剂。由此构成简易油氨柱。

加入 12 mol/L 的硝酸溶液,用量为滤饼的 2%~3%(质量分数)。用玻璃棒强烈搅动,滤饼逐渐变成乳状的 $Al(OH)_3$,溶胶(流动性很好),之后再用力搅动一定时间,将块状凝胶全部打碎。用 50 mL 针筒取浆液,装上针头。

针尖向下,往油氨柱滴加溶液。溶胶在油层中收缩成球状凝胶体。在氨水中老化 30 min。

吸出油层和氨水,倒出凝胶球状物,用蒸馏水洗油和氨水。洗涤时可加少量洗净剂或平平加等。

4. 干燥及灼烧

洗净后的球状氢氧化铝凝胶,在室温下风干 24 h,然后放于烘箱中在 105 ℃下干燥 6 h,再置于高温炉中 500 ℃下灼烧 4 h,最后生成 γ-Al_2O_3(当操作条件不当时会混有 η-Al_2O_3)。

四、注意事项

1. 计算 $Al(OH)_3$ 和 Al_2O_3 的实际收率,并解释与理论收率相差较大的原因。

2. 测定最后成型的 Al_2O_3 的外观形状和尺寸。

五、思考题

1. 如何控制活性氧化铝的质量?

2. 欲获得高比表面的氧化铝,应改变什么操作条件? 是否还有其他办法?

3. 怎样才能提高洗涤效率? 怎样才能提高氧化铝收率?

4. 氧化铝有哪些用途?

5. 油氨柱成型的基本原理是什么? 可用哪些油类物质作油层?

6. 为什么油氨柱成型要在溶液中加表面活性剂?

实验 24　以席夫碱为配体的一些镍(Ⅱ)配合物

一、实验目的

1. 了解席夫碱配合物的合成及应用;
2. 初步掌握轴向配位化合物的合成方法。

二、实验原理

把醛或酮与一级胺一起回流可以得到亚胺,并有 1 分子的水产生,反应式如下:

$$\begin{matrix} R_1 \\ {\diagdown} \\ {\diagup} \\ R_2 \end{matrix} C{=}O \ + \ RNH_2 \longrightarrow \begin{matrix} R_1 \\ {\diagdown} \\ {\diagup} \\ R_2 \end{matrix} C{=}N{-}R \ + \ H_2O$$

式中:R、R_1、R_2 是烃基。产物中氮原子携带一对孤对电子起到路易斯碱的作用,可与过渡金属离子形成配合物。Ettling 于 1840 年报道了这样的第一例配合物。他用水杨醛与胺进行反应,从产物中分离出一个铜配合物。不过,是 Schiff1869 年确立了这一类金属与配体化学计量比为 1∶2 的配合物,并以他的名字命名了这类具有甲亚胺(RN∶CNR)片段的化合物。

自从席夫碱发现以来,以它为配体衍生出的广泛配合物被分离出来。在现代配位化学中它们扮演了重要的角色,产生了许多大环配合物的体系和配位几何异构体现象。席夫碱配合物也用于生物体系中的模型化合物。

制备席夫碱配合物有两种常用方法:第一种方法是配体体系的形成与分离,接着是使其与金属离子反应形成配合物;第二种方法不是先分离配体,而是在一个合成过程中同时进行回流和配位反应。事实上,有一些配体只有在金属离子存在的情况下才能形成,即所谓的"模板"反应。金属离子能够像模板那样控制反应的方向和产物组成。1,8-二氨基萘与吡咯-2-醛反应就是这样一个例子。在空气中,1,8-二氨基萘与醛反应的产物一般是杂环化合物。然而在 Ni^{2+} 存在下得到一个不同于上述产物的镍配合物。

在本实验中,采用不同的方法制备两个由丙二胺和吡咯-2-醛衍生出的异构体为配体的镍配合物。用 ^{1}HNMR,MS 和 IR 光谱表征其结构。

三、实验内容

1. 由 1,3-丙二胺和吡咯-2-醛制备席夫碱

该反应在通风橱内操作。在圆底烧瓶内将 0.95 g(0.01 mol)吡咯-2-醛溶于 5 mL 乙醇中,用吸量管移取 0.40 mL(0.005 mol)1,3-丙二胺于溶液中混匀。安装回流冷凝管,沸水浴中溶液沸腾 3~4 min,然后用冰水浴冷却 2 h。混合物可能结晶析出固体或仍为液体。如果冷却时有固体沉淀,过滤收集并用数毫升的乙醚洗涤。滤出液和洗涤液可沉淀出更多的产物。如果混合物仍为液体,可旋转蒸发浓缩,直到固体开始出现,将烧杯继续在冰浴中冷却使之沉淀完全,如前述操作进行并继续收集产物。产物在空气中干燥,计算产率。测定产物的 IR(KBr 压片)、^{1}HNMR、MS 和电子光谱。

2. 由席夫碱配体制备镍(Ⅱ)配合物

将 0.5 g(0.002 2 mol)上述制得的配体溶于 10 mL 热的乙醇中。慢慢加入 0.5 g(0.002 mol)四水合乙酸镍溶于 10 mL 水的溶液,得到砖红色混合物。接着加入 0.2 g 碳酸钠溶于 5 mL 水的溶液,搅拌 20 min。过滤,收集粗产物,用数毫升 1∶1 的乙醇∶水溶液洗涤。产物重新溶解于 40 mL CH$_2$Cl$_2$ 中,用无水硫酸镁干燥。过滤除去硫酸镁,并用少量 CH$_2$Cl$_2$ 洗涤。向洗涤液和滤液的混合物中加入 40 mL 石油醚(80~100 ℃),用旋转蒸发仪除去 CH$_2$Cl$_2$(用室温下,不可加热)。红色粗产物从石油醚中沉淀下来。过滤收集,并在空气中干燥,计算产率。测定产物的 IR(KBr 压片)、^{1}HNMR、MS 和电子光谱(选用不同配位能力的溶剂)和磁化率。

3. 镍(Ⅱ)配合物与 1,3-丙二胺和吡咯-2-醛的反应

在通风橱内,装好一个 100 mL 两颈圆底烧瓶,配备上回流冷凝管和滴液漏斗。在烧瓶内加入 50 mL 1∶1(体积比)乙醇∶水溶液、0.95 g(0.01 mol)吡咯-2-醛和 1.25 g(0.005 mol)四水合乙酸镍,加入沸石。加热使乙酸镍溶解(得到的是混浊的溶液而非澄清溶液),加入 4 mL 10%NaOH 水溶液(质量浓度)。在滴液漏斗中将 0.4 mL 1,3-丙二胺(0.005 mol)溶于 20 mL 水中,用大约 20 min 的时间逐滴加到回流的氢氧化镍和醛的悬浊液中。然后加入 10 mL 水,冷却。过滤收集橙色的粗产物,用 1∶1 的(体积比)乙醇∶水溶液洗涤。用 40 mL 的 CH$_2$Cl$_2$ 重新溶解产物,将橙色的

CH_2Cl_2 溶液滤进一个干净的 100 mL 三角烧瓶中。用少量无水硫酸镁干燥,过滤除去硫酸镁,用少量 CH_2Cl_2 洗涤硫酸镁,合并滤液与洗涤液。加入石油醚(80~100 ℃),用旋转蒸发仪除去 CH_2Cl_2(用室温下,不可加热)。橙色产物从石油醚中沉淀出来,过滤,收集产物,在空气中干燥,计算产率。测定产物的 IR(KBr 压片)、^{1}HNMR、MS 和电子光谱(选用不同配位能力的溶剂)和磁化率。

4. 研究性实验

在 2 和 3 两步产物的基础上是否有可能进一步合成带轴向配合物? 若可能,请设计具体实验方案。对合成产物进行确证表征。

四、注意事项

1. 注意避免吸入或皮肤接触到这些药品。如果实验中皮肤接触到化学药品,应立即用大量的水冲洗,并向指导老师报告。当有烟或难闻的气体从通风橱逸出时,应向指导老师报告,并在允许的情况下,喷洒大量的水进行吸收。

2. 废弃的溶液应倒入指定的容器中。

五、思考题

1. 解析所得的 IR 谱图。如果 N—H 键在 3 000~3 400 cm^{-1} 处产生吸收,C═N 在 1 550~1 600 处产生吸收,在 2 和 3 中,有什么证据可以证明镍配合物的形成?

2. 解析质谱图并列出主要的离子峰。

3. 研究性合成实验的指导思想是什么? 系列化合物合成有何理论意义?

参考文献

[1] Hobady M, Smith T D. N, N'-Ethylenebis (Salicylideneiminato) transition metal ion chelates[J]. Coord Chem Rev, 1972, 9: 311 - 337.

[2] Weber J H. Complexes of pyrrole-derivative ligands. I. Planar nickel(Ⅱ) complexes with tetredentate ligands[J]. Inorg Chem, 1967, 6(2): 258 - 262.

[3] Woolins J D. Inorganic experiments[M]. NewYork: VCH Publisher Inc, 1994.

实验 25　室温离子液体
——1-甲基-3-丁基咪唑的溴盐的制备

一、实验目的

1. 掌握室温离子液体的含义及其在有机合成中的应用；
2. 熟悉 1-甲基-3-丁基咪唑溴盐的制备方法。

二、实验原理

室温离子液体[1]（room temperature ionic liquids）顾名思义就是完全由离子组成的液体，是低温（<100 ℃）下呈液态的盐，也称为低温熔融盐，它一般由有机阳离子和无机阴离子（BF_4，PF_6 等）所组成。早在 1914 年就发现了第一个离子液体——硝基乙胺[2]，但其后此领域的研究进展缓慢，直到 1992 年，Wikes 领导的研究小组[3]合成了低熔点、抗水解、稳定性强的 1-乙基-3-甲基咪唑四氟硼酸盐离子液体（[EMIM]BF_4）后，离子液体的研究才得以迅速发展，随后开发出了一系列的离子液体体系。最初的离子液体主要用于电化学研究，近年来离子液体作为绿色溶剂用于有机及高分子合成受到重视[4]。

室温离子液体是一种新型的溶剂和催化剂。它们对有机、金属有机、无机化合物有很好的溶解性。由于没有蒸气压，可以用于高真空下的反应。同时又无味、不燃，在作为环境友好的溶剂方面有很大的潜力。离子液体为极性，可溶解作为催化剂的金属有机化合物，替代具有高的对金属配位能力的极性溶剂如乙腈等。溶解在离子液体中的催化剂，同时具有均相和非均相催化剂的优点。催化反应有高的反应速度和高的选择性，产物可通过静止分层、或蒸馏分离出来。留在离子液体中的催化剂可循环使用。

最近，室温离子液体由于其低蒸气压、环境友好、高催化率和易回收等特点，在有机合成中得到广泛的关注，如 Fridel-Crafts 烷基化和酰基化[5,6]，Diels-Alder 反应[7,8]，Heck 反应[9]，Suzuki 反应[10]，Mannich 反应[11]和醛酮缩合反应等[12]。

离子液体也被用于萃取特殊的化合物，如代替 HF 溶解油母岩[13]，由天然产物中萃取多肽[14]。据文献报道[13]，离子液体还可用于核废料的回收处理上。离子液体的溶解性可通过变化阴离子或阳离子中烷基链的长短而改变。因此，人们称离子液体为"可设计合成的溶剂"。

其反应原理如下：

$$H_3C-N \diagup N + C_4H_9Br \longrightarrow H_3C-N \diagup \overset{\oplus}{N}-C_4H_9Br^{\ominus}$$

该反应是原子经济性反应，投入的原料全部转化为产物，符合当前绿色化学的要求。

三、实验内容

在 50 mL 圆底烧瓶中加入 3.0 g(0.037 mol)1-甲基咪唑,加入 20 mL 1,1,1-三氯乙烷作溶剂,在磁力搅拌的条件下,用恒压滴液漏斗缓慢滴加正溴丁烷 5.0 g(0.036 mol),约 40 min 滴完,溶液变浑浊,将滴液漏斗撤下,换上球形回流冷凝管,加热回流 2 h,完应完毕。用旋转蒸发仪将 1,1,1-三氯乙烷蒸出,得到 1-甲基-3-丁基咪唑的溴盐,为黏稠状液体。

四、注意事项

1. 要注意控制搅拌速度和滴加速度,使两种原料缓慢混合均匀。

2. 滴完后,迅速换上球形冷凝管回流,1,1,1-三氯乙烷的沸点为 73～76 ℃,应控制回流速度,不易过快。

3. 将旋蒸仪的水浴温度缓慢上升至 80 ℃,0.1 MPa 下旋蒸 40 min,将 1,1,1-三氯乙烷完全蒸出。

4. 得到的离子液体为红棕色黏稠状液体,可以不经处理直接作为催化剂和溶剂应用于有机化合物的合成。

五、思考题

1. 何为离子液体? 在有机合成中有哪些应用?

2. 为何生成的产物无须进一步处理?

附:参考文献

[1] Seddon, K. R. Review Ionic Liquids for Clean Technology[J]. J. Chem. Technol. Biotechnol. 1997, 68(4), 351 - 356.

[2] Sugden S, Wilkins H. CLXVII. —The parachor and chemical constitution. Part XII. Fused metals and salts[J]. Journal of the Chemical Society (Resumed), 1929, 1291.

[3] Wilkins J S, Zaworotko M J. Air and water stable 1-ethyl-3-methylimidazolium based ionic liquid[J]. J Chem Soc Chem Commun, 1992, 13: 965 - 967.

[4] Welton T. Room-temperature ionic liquids. Solvents for synthesis and catalysis[J]. Chemical reviews, 1999, 99(8): 2071 - 2084.

[5] Song C E, Shim W H, Roh E J, et al. Scandium (III) triflate immobilised in ionic liquids: a novel and recyclable catalytic system for Friedel - Crafts alkylation of aromatic compounds with alkenes[J]. Chemical Communications, 2000 (17): 1695 - 1696.

[6] Nara S J, Harjani J R, Salunkhe M M. Friedel-Crafts Sulfonylation in 1-Butyl-3-methylimidazolium chloroaluminate ionic liquids[J]. The Journal of organic chemistry, 2001, 66 (25): 8616 - 8620.

［7］Song C E，Shim W H，Roh E J，et al. Ionic liquids as powerful media in scandium triflate catalysed Diels – Alder reactions: significant rate acceleration，selectivity improvement and easy recycling of catalyst［J］. Chemical Communications，2001（12）：1122 – 1123.

［8］Yadav J S，Reddy B V S，Reddy J S S，et al. Aza-Diels-Alder reactions in ionic liquids: a facile synthesis of pyrano-and furanoquinolines［J］. Tetrahedron，2003，59（9）：1599 – 1604.

［9］Xu L J，Chen W P，Xiao J L. Heck reaction in ionic liquids and the in situ identification of N-Heterocyclic carbene complexes of palladium［J］. Organometallics，2000，19（6）：1123 – 1127.

［10］Rajagopal R. DV Jarikote，and KV Srinivasan［J］. Chem. Commun，2002，616.

［11］Chen S L，Ji S J，Loh T P. Asymmetric Mannich-type reactions catalyzed by indium（III）complexes in ionic liquids［J］. Tetrahedron Letters，2003，44（11）：2405 – 2408.

［12］Mehnert C P，Dispenziere N C，Cook R A. Preparation of C 9-aldehyde via aldol condensation reactions in ionic liquid media［J］. Chemical communications，2002（15）：1610 – 1611.

［13］Freemantle M. Ionic liquids may boost clean technology development［J］. Chem. Eng. News，1998，76（13）：32 – 37.

［14］Freemantle M. New horizons for ionic liquids［J］. Chemical & Engineering News，2001，79（1）：21 – 21.

实验 26　4-苯基-5-乙氧羰基-6-甲基-3,4-二氢嘧啶-2(1H)-酮的制备(Biginelli 反应)

一、实验目的

1. 掌握 Biginelli 反应的原理和 4-苯基-5-乙氧羰基-6-甲基-3,4-二氢嘧啶-2(1H)-酮的制备方法；

2. 了解利用无毒离子液体[BMIm] Sac 催化 Biginelli 反应；

3. 进一步熟悉重结晶的操作步骤。

二、实验原理

3,4-二氢嘧啶-2(1H)-酮及其衍生物是重要的医药中间体,可以作为钙通道剂、抗过敏剂、降压剂、拮抗剂等[1,2]。此外,以前人们得到的海生生物碱中也含有二氢嘧啶酮。这些生物碱是 HIVgp-120-CD4 有效的抑制剂[3]。1893 年 Biginelli 首次报道了用苯甲醛、尿素和乙酰乙酸乙酯三组分以乙醇作为溶剂在浓盐酸的催化下"一锅煮"得到 3,4-二氢嘧啶-2(1H)-酮[4]。并命名该类反应为 Biginelli 反应。其主要不足是反应时间长(18 h)、产率较低(20%~50%)。

近年来,为了改进这一反应,化学家们做了大量的研究工作,主要方法有 Lewis 酸催化如 $BF_3 \cdot OEt_2$,VCl_3,$LaCl_3 \cdot 7H_2O$,$Yb(OTf)_3$,$Bi(OTf)_3$,$Zn(OTf)_2$,$InCl_3$,$InBr_3$,LiBr 等[5],Shaabani A. 等人[6]用 NH_4Cl 催化该反应,在无溶剂条件下也取得了很好的结果。其他方法如微波促进、酸性蒙脱石 KSF 等方法也有报道[7]。邓友全等[8]使用($BMImBF_4$)和($BMImPF_6$)、Gholap 等[9]使用($HBImBF_4$)已对 Biginelli 反应进行了改进,但 Swatlowski 等[10]在近期报道了含氟阴离子的毒性,其在离子液体中是使用最广泛的阴离子。因此,本实验使用新型无毒的糖精作为阴离子,并且在无溶剂的条件下"一锅煮"合成了 3,4-二氢嘧啶-2(1H)-酮。

反应方程式为：

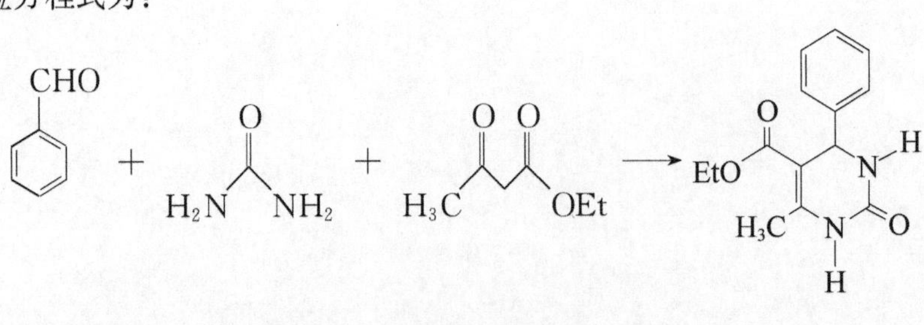

该反应的机理:首先是芳醛与尿素之间发生缩合反应,类似于 Mannich 反应得到中间体 1;之后酰亚胺盐 2 作为亲电体与 β-二羰基化合物发生亲核加成反应得到中间体 3;最后 3 中的酮羰基与尿素中的氨基加成,脱水生成目标产物。

三、实验内容

在 50 mL 圆底烧瓶中依次加入尿素 1.8 g(0.03 mol)、苯甲醛 2.1 g(0.02 mol)、乙酰乙酸乙酯 2.6 g(0.02 mol)[1]、离子液体([BMIm]Br or [BMIm]Sac)2 滴[2]，装上回流冷凝管，在磁力搅拌的条件下，缓慢升温至 100 ℃[3]，大约 1 h 后，开始有大量白色固体析出，继续保温反应 0.5 h，停止反应[4]，过滤，滤饼用少量石油醚分 2 次洗涤[5]，抽滤所得的粗产品用无水乙醇重结晶后，得白色针状结晶[6]。熔点：204 ～ 205 ℃。

四、注意事项

1. 注意加料顺序：由于苯甲醛和乙酰乙酸乙酯易挥发，所以应先加入尿素，再加入苯甲醛和乙酰乙酸乙酯，加完后应迅速安装冷凝管，进行反应。

2. 离子液体的用量不宜过多，否则会导致最后析出的固体黏稠，不易处理。

3. 在搅拌下，将温度缓慢控制在 100 ℃ 以内，使尿素溶解，体系变为澄清液体，如温度过高，会有副产物吡啶酮生成。

4. 反应开始析出固体时，先不要急于停止反应，当有大量固体析出时，再停止反应，以提高产率。

5. 用石油醚洗涤的目的是除去可能未反应的苯甲醛、乙酰乙酸乙酯及少量杂质。

6. 该反应未加任何溶剂,且用环境友好的离子液体作催化剂,符合当今绿色化学的发展要求。

五、思考题

1. 什么是 Biginelli 反应? 它进行的前提条件是什么?
2. 石油醚洗涤的目的是什么?

附:参考文献

[1] Kappe C O. 100 years of the Biginelli dihydropyrimidine synthesis[J]. Tetrahedron, 1993, 49(32): 6937 - 6963.

[2] Kappe C O, Fabian W M F, Semones M A. Conformational analysis of 4-aryl-dihydropyrimidine calcium channel modulators. A comparison of ab initio, semiempirical and X-ray crystallographic studies[J]. Tetrahedron, 1997, 53(8): 2803 - 2816.

[3] Snider B B, Chen J. Patil A D. Freyer A[J]. Tetrahedron Lett, 1996, 37: 6977.

[4] Biginelli P, Gazz P. Synthesis of 3, 4-dihydropyrimidin-2 (1H)-ones[J]. Gazz. Chim. Ital, 1893, 23: 360 - 416.

[5] Sabitha G, Reddy G S K K, Reddy K B, et al. Vanadium (III) chloride catalyzed Biginelli condensation: solution phase library generation of dihydropyrimidin-(2H)-ones[J]. Tetrahedron Letters, 2003, 44(34): 6497 - 6499.

[6] Shaabani A, Bazgir A, Teimouri F. Ammonium chloride-catalyzed one-pot synthesis of 3, 4-dihydropyrimidin-2-(1H)-ones under solvent-free conditions[J]. Tetrahedron Letters, 2003, 44 (4): 857 - 859.

[7] Mirza-Aghayan M, Bolourtchian M, Hosseini M. Microwave-assisted efficient synthesis of dihydropyrimidines in solvent-free condition[J]. Synthetic communications, 2004, 34 (18): 3335 - 3341.

[8] Peng J, Deng Y. Ionic liquids catalyzed Biginelli reaction under solvent-free conditions[J]. Tetrahedron Letters, 2001, 42(34): 5917 - 5919.

[9] Gholap A R, Venkatesan K, Daniel T, et al. Ionic liquid promoted novel and efficient one pot synthesis of 3, 4-dihydropyrimidin-2-(1 H)-ones at ambient temperature under ultrasound irradiation[J]. Green Chemistry, 2004, 6(3): 147 - 150.

[10] Swatloski R P, Holbrey J D, Rogers R D. Ionic liquids are not always green: hydrolysis of 1-butyl-3-methylimidazolium hexafluorophosphate[J]. Green Chemistry, 2003, 5(4): 361 - 363.

第4章　设计性实验

开设综合性实验的目的在于培养学生的分析综合能力、实验动手能力、数据处理能力及查阅中外文资料的能力。开设设计性实验的目的在于培养学生独立解决实际问题能力、探索创新能力及组织管理能力。

综合性实验是指实验内容涉及本课程的综合知识或与本课程相关课程知识的实验。此类实验是对学生进行实验技能和方法的综合训练，一般可以在学生学习本课程一个阶段后，具有一定知识和技能的基础上，对学生实验技能和方法进行综合训练的一种复合型实验，也可以在几门相关课程之后安排一次有一定规模的时间较长的实验。

初级设计性实验可由实验指导教师定实验题目，给出实验方案，由学生自己拟定实验步骤，自己选定仪器设备，自己绘制图表等；中级设计性实验是实验指导教师定实验题目后，在教师的指导下全部由学生自己组织实验；高级设计性实验是学生自己选题，自己设计实验方案和步骤，自己完成实验，以最大限度发挥学生学习的主动性，引导学生创新思维，体现科学精神。

主要训练学生查阅资料，发现问题，灵活运用所学知识和技能设计实验，完成实验，以验证或解决某一实际问题的能力，培养创新意识和能力。学生在已掌握所学课程基础知识、基本理论和基本实验技能的基础上，在教师指导下，根据实验室条件，完成选题、设计实验、实验准备、实施实验和实验小结等全过程。培养动手能力，分析解决问题的能力和创新思维。具体实施步骤如下：

1. 查阅资料，选题。
2. 查阅资料，灵活运用所学知识和技能设计实验。
3. 实施并完成自行设计实验。
4. 小结实验，写出实验报告。

实验 27　5-亚烃基硫代巴比妥酸的合成

一、实验目的

1. 掌握各种条件下合成 5-亚烃基硫代巴比妥酸的方法；
2. 掌握固相合成方法；
3. 掌握利用微波辐射合成有机化合物的原理和方法。

二、实验原理

硫代巴比妥酸是一种镇静催眠药,其衍生物是一类具有重要生理活性的含氮杂环化合物,其中 5-亚烃基硫代巴比妥酸是合成药物和其他杂环化合物的重要中间体。通常在有机溶剂中由芳香醛和硫代巴比妥酸经 Knoev enagle 缩合反应得到,反应时间较长、收率较低,且存在浪费有机溶剂和污染环境等问题。

5-亚烃基硫代巴比妥酸合成路线如下:

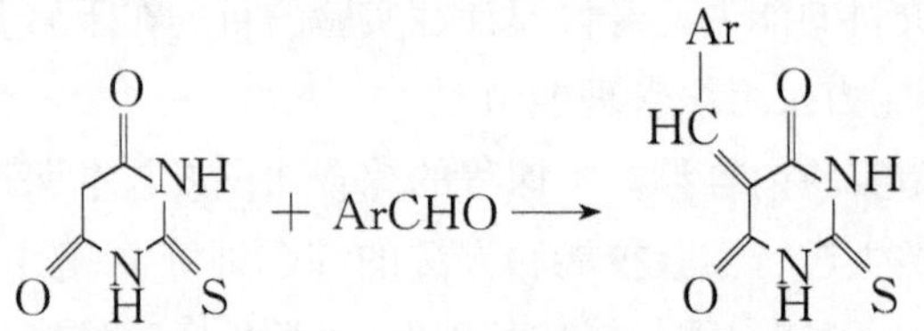

硫代巴比妥酸可利用硫脲与丙二酸二乙酯缩合得到,其反应式为:

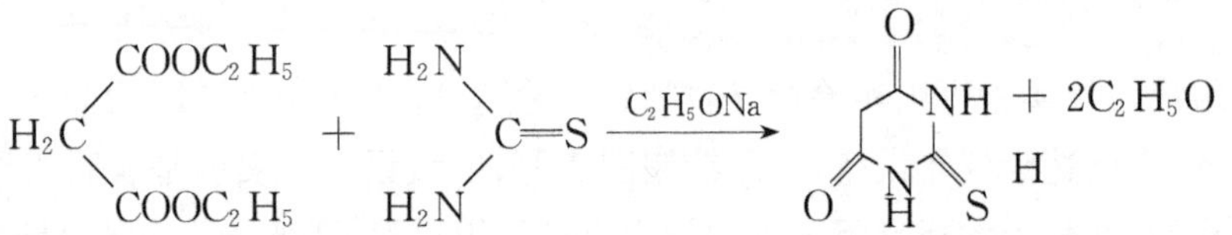

在固相反应中,反应物的分子受晶阵的控制,其运动状态受到一定的限制,分子的扩散、反应体系的微环境及反应物分子之间相互作用方式等都与溶液中的反应不同。许多固相有机反应在反应速率、收率以及选择性等方面均优于溶液反应。

微波辐射下的有机化学反应能使反应速率提高数百倍乃至上千倍,具有反应快速、选择性好、收率高、副反应少等特点。

至于微波催化加速反应的机理,目前说法不一,较为普遍的看法是,极性分子能很快吸收微波能,但能量吸收的速率又随介电常数而改变,即极性分子接受微波辐射能量后,通过分子偶极以每秒数十亿次的高速旋转产生热效应,从而加速反应进行。

微波加热的操作方法大致有三种:密封管加热法、连续流动法和敞开法。密封管加热法是指反应在封管或有螺旋盖的压力管内进行,该法的缺点是高温高压易爆炸。连续流动法是先将反应物盛在储存器中,再用泵打入装在微波炉内的蛇型管中,经微波辐射后送到接受管。敞开法最为方便,但该法一般只局限于无溶剂操作,可择有固体和液体共同参与的反应,也可以将反应物先浸渍在氧化铝、硅胶等多孔无机载体上,干燥后置于微波炉内加热,后者称干介质法。如将反应物与这些无机材料简单地拌和,微波辐射下的反应效果较前者差。

无机材料促进反应的原因有如下几点:① 分撒在载体上的试剂的有效表面积增加;② 反应活化熵降低,表面活化,基质紧靠着活化剂;③ 氧化铝等的表面和试剂间相互作用引起试剂活化;④ 基质与氧化铝的酸碱部位间的协同效应。但是载体的使用需要在后处理时进行萃取等操作。

本实验是研究在无溶剂和室温下,用硫代巴比妥酸和芳香醛分别进行固相研磨反应、固相加热反应和微波反应合成 5-亚烃基硫代巴比妥酸,并对合成产物进行表征。

三、实验内容

1. 硫代巴比妥酸的制备

在 100 mL 干燥的圆底烧瓶中,加入 40 mL 绝对乙醇,装好,从冷凝管上口分数次加入 2 g 切成小块的金属钠,待其全部溶解后,再加入 13.0 mL 丙二酸二乙酯,摇荡均匀。然后慢慢加入 6 g 干燥过的硫脲和 24 mL 绝对乙醇所配成的溶液,在冷凝管上端装一氯化钙干燥管,磁力搅拌下回流 2 h。

冷却反应物,得一黏稠的白色半固体。将该黏稠的白色半固体物转移至烧杯,并向其中加入 50 mL 热水,再用盐酸调节 pH=3,得到澄清溶液。过滤除去少量杂质,滤液用冰水冷却,晶体析出,过滤,用少量水洗涤数次,得白色棱柱状结晶。熔点为 234~235 ℃。

2. 苯甲醛与硫代巴比妥酸的固相室温研磨反应

取 10 mmol 苯甲醛与 10 mmol 硫代巴比妥酸,在研钵中混合均匀后,于室温下研磨 40 min,放置 48 h,反应混合物颜色逐渐加深。反应完毕后,用 20 mL 乙醚分三次洗去未反应完的苯甲醛,用 20 mL 沸水分三次洗涤洗去未反应完的硫代巴比妥酸,可得相应的 1:1 的缩合产物 5-苯亚苄基硫代巴比妥酸。

3. 苯甲醛与硫代巴比妥酸在乙酸铵催化下的固相研磨反应

将 10 mmol 苯甲醛、10 mmol 硫代巴比妥酸和 10 mmol 乙酸铵混合均匀于研钵中,于室温下研磨 10 min,反应混合物分别用 20 mL 乙醚分三次洗去未反应完的苯甲醛,用 20 mL 沸水分三次洗涤洗去未反应完的硫代巴比妥酸,得 5-苯亚苄基硫代巴比妥酸。

4. 苯甲醛与硫代巴比妥酸的固相加热反应

将充分混合均匀的 10 mmol 苯甲醛与 10 mmol 硫代巴比妥酸至于 50 mL 小烧杯中,在硅油浴中慢慢加热至 120~130 ℃,保温反应 10 min。反应完毕后,将反应混合物冷却,研碎,分别用 20 mL 乙醚和 20 mL 沸水分三次洗涤固体,得 5-苯亚苄基硫代巴比妥酸。

5. 苯甲醛与硫代巴比妥酸的微波辐射反应

将充分混合均匀的 10 mmol 苯甲醛与 10 mmol 硫代巴比妥酸至于 50 mL 小烧杯中,将小烧杯置于微波炉中,在 450 W 的功率下辐射 8 min,冷却,后处理同上。

比较各种反应条件下的实验结果,分别用熔点仪、IR 和 ^{1}H-NRM(DMSO-d$_6$ 中)测定所得产物 5-苯亚苄基硫代巴比妥酸,进行结构表征。

四、注意事项

1. 注意微波辐射功率过大、时间长会导致副产物增加。
2. 反应原料混合均匀的程度和容器的大小都将影响微波辐射反应结果。
3. 反应产物在水中析出时为光泽晶体,放置长久会转化为粉末。

五、思考题

利用微波辐射代替传统的加热,可大大提高反应的效率,通过查阅资料试分析何种类型的反应在微波辐射下有较好的效果。

实验 28　有机电致发光材料——8-羟基喹啉铝(锌)的制备及其 HOMO 和 LOMO 的测定

一、实验目的

1. 掌握水热法制备有机电致发光材料 8-羟基喹啉铝;
2. 了解有机电致发光材料的发光机理。

二、实验原理

电致发光(ElectroLuminescence，EL)是将电能直接转换为光能的一类固体发光现象。按发光材料化学组成可分为无机 EL、有机 EL 和无机有机复合 EL。其中有机 EL 又称为 OLED(Oragnic Lignt Emitting Diode)，由于具备一系列特点而备受科技及产业界的青睐，其器件通常采用单层或多层结构。通过本实验了解电致发光的相关知识，了解 8-羟基喹啉铝的物理化学性质及其电致发光性能，同时了解有机金属配合物的相关知识，掌握 8-羟基喹啉铝的制备方法。

新型平面显示器发光技术的研究是现阶段的一个研究热点，其目标是用新型的、高效的、轻质的平面显示器来代替传统的、笨重的、耗能多的阴极射线管。目前，新型的有机电致发光平面显示器(OLEDs)受到了人们的广泛关注。与液晶平面显示器相比，有机电致发光平面显示器具有主动发光、轻、薄、对比度好、无角度依赖性、能耗低等显著特点，在这类应用上有明显的优势，具有广阔的应用前景。

实际上，最早报道有机电致发光应追溯到 1963 年，Pope 等人用蒽单晶制备了有机电致发光器件[1]。但是人们第一次用真空蒸镀成膜制备高效的 OLEDs 是直到1987 年 C. W. Tang 等成功研制出一种有机发光二极管(OLED)，用苯胺-TPD 作空穴传输层(HTL)，铝与八羟基喹啉络合物-ALQ 作为发光层(EML)。其工作电压小于 10 V，亮度高达 1 000 cd/m²，这样的亮度足以用于实际应用。后来研制出的有机电致发光材料的发光波长遍及整个可见光范围。这个突破性进展使得这个领域成为近来的一个研究热点。进入 20 世纪 90 年代后有机高分子光电功能材料进入一个新的发展阶段。

在新型光电材料与器件的探索研究中，有机及高分子光电材料与器件的探索成为目前国际上一个十分活跃的领域，被美国评为 1992 年度化学领域十大成果之一。很多学术机构和一些国际有名的大电子、化学公司都投入巨大的人力、物力研究这一领域。OLED 是从外量子效率小于 0.1%，寿命仅为几分钟开始发展起来的，目前已发展到外量子效率超过 5%，运行寿命超过上万小时。

分子结构决定了有机电致发光材料的发光机制。目前，有机电致发光的发光机制主要为金属离子微扰配体发光和配体微扰金属离子的特征荧光两种机制，其中前者应用更为广泛。

金属离子微扰配体发光机制需要金属离子为反磁性离子,即外层电子结构与惰性气体相同。这类离子与芳基有机化合物发生作用,产生较强的荧光,且存在重原子效应。二者协同增强了化合物整体的刚性,同时增大了分子的平面结构,有利于π电子的跃迁,增强电致发光。8-羟基喹啉类化合物为该机制的典型代表。

有机电致发光材料主要有两大类:一类是小分子材料,主要通过真空蒸镀的方法制备器件,如8-羟基喹啉铝,8-羟基喹啉锌等8-羟基喹啉类有机电致发光染料;另一类是主要通过旋转涂敷或丝网印刷、喷墨等法制备聚合物材料,如聚对苯乙炔及其衍生物。

本实验要合成的8-羟基喹啉铝为8-羟基喹啉类电致发光材料中性能最优异的化合物,具有优良的制备器件的特性,主要是因为该化合物具有分子内络盐结构。8-羟基喹啉类配体同时具有酸性配基和另一种其他类型的配基,与金属离子形成一个大环平面或三维网状结构的化合物。8-羟基喹啉铝的良好稳定性和发光性能使得这类化合物在电致发光器件中得以广泛应用。研究表明,以8-羟基喹啉及其衍生物、Al^{3+}、Mg^{2+}、Zn^{2+}、Be^{2+}等离子作为原料合成的化合物,也具有优良的电致发光的性能,稀土金属离子领域也有很大的应用空间。

三、试剂与仪器

试剂:8-羟基喹啉(AR)、$AlCl_3 \cdot 6H_2O$(AR)、无水乙醇(AR)、醋酸铵(AR)。

仪器:磁力加热搅拌器、三口烧瓶、回流冷凝管、滴管、pH 计、玻璃棒、抽滤装置、真空干燥箱、烧杯、量筒(50 mL、100 mL 各一个)。

四、实验内容

1. 首先称取 1.207 g(0.005 mol)$AlCl_3 \cdot 6H_2O$ 溶解于 25 mL 去离子水中,磁力搅拌。水浴加热到 64.5 ℃,再加入 2.17 g 8-羟基喹啉的 75 mL 无水乙醇溶液,可先加 40 mL 无水乙醇溶解 8-羟基喹啉,再分多次将剩余的 35 mL 无水乙醇冲洗烧杯壁,尽量不使溶质有剩余;

2. 然后缓慢加入事先配置好的 80 mL 醋酸铵溶液,使其在 10 分钟内加到溶液中,经测量溶液的 pH 约为 6.3 左右。反应生成黄色沉淀;

3. 待溶液稍微冷却后,用真空抽滤,抽滤过程中用去离子水洗涤多次,最后用无水乙醇清洗。抽滤完全后,把所得固体置于坩埚中,在 120 ℃ 的真空下干燥,得到黄色粉末状晶体,即为 Alq_3。

4. 用分析天平称量产物质量,并计算产率。

五、注意事项

1. 严格按照实验步骤进行,控制反应温度、酸度和时间。避免与氧气反应而产生 Alq_3 的二聚物,影响产物纯度。

2. 因为原料 8-羟基喹啉在水和氧的作用下会发生氧化缩合反应,而碱能大大加快这一反应;体系中的酸度降低时产物的纯度也随之降低,不过 pH<6.5 时体系的酸度对产物纯度的影响很小。考虑到 pH<6 时反应不完全,因此反应宜在 pH 为 6.0~6.5 的体系中进行。

3. 因为 8-羟基喹啉铝在水和氧的作用下慢慢分解后再聚合成二聚体,缩短反应时间可以减少 8-羟基喹啉铝的分解和二聚物的形成,同时也可以降低原料 8-羟基喹啉的氧化缩合,从而提高产物的纯度,反应时间以 30 min 比较理想。

4. 1HNMR(CDCl$_3$,TMS),δ:7.00~7.59(m,12H);8.14~8.34(m,3H);8.72~8.88(m,3H)。

MS,$(m+1)/z(\%)$:461.1(42.65);316.1(100.00);146.1(15.85)。

UV-Vis(CHCl$_3$),nm:384.0,333.0,314.5。

5. 3 410 cm^{-1} 处的宽峰对应的是 OH$^-$ 的伸缩振动模式;3 030 cm^{-1} 对应的是芳香环内 C—H 键的伸缩振动模式;1 615 cm^{-1} 对应与芳香环内 C—C 键的伸缩振动模式;1 500 cm^{-1},1 400 cm^{-1} 处的峰均为芳香环骨架的特征振动吸收模式;1 115 cm^{-1} 处的峰对应于—C—O 键的伸缩振动模式;600~800 cm^{-1} 范围内的峰对应与喹啉环的特征振动吸收模式;400~600 cm^{-1} 范围内的峰对应于金属 Al^{3+} 与 HQ 配位体之间的振动吸收模式。

六、思考题

1. 影响产物产率及纯度的因素有哪几个方面?
2. 如何改进实验设计进一步提高产率和产物的纯度?
3. 若不采用回流装置而采用敞开水热体系制备 Alq$_3$ 是否可行?
4. 有机电致发光二极管(OLED)的特点有哪些?

附:参考文献

[1] 吴大诚,谢新光,徐建军. 高分子液晶[M]. 成都:四川教育出版社,1988.

[2] Garbuzov D Z, Bulovic V, Burrows P E, et al., Photoluminescence Efficiency and Absorption of Aluminum-tris-quinolate (Alq$_3$) Thin Films[J]. Chem. Phys. Lett. , 1996,249:433-435.

附:表征有机光电材料能带结构的方法

1. 紫外吸收光谱法,这种方法只能得到带隙值 E_g;
2. 量化计算的方法,可得到材料的 HOMO 和带隙值,只适于结构简单的材料;
3. 光电子发射谱分析可以用于 HOMO 的表征,但仪器尚未普及;
4. 电化学方法(如循环伏安法)兼有上述三种方法的优点,所用仪器设备简单,操作方便,并能同时给出有机光电材料的全部能带结构参数,因此应用最广泛。

能带理论中的带隙 E_g 指价带顶与导带底的能量之差,相应于最高占有分子轨道(HOMO)和最低未占有分子轨道(LUMO)的能量之差。有机发光材料最高占有分子轨道上的电子失去所需的能量相应于电离势 I_p,此时有机发光材料发生了氧化反应;有机发光材料得到电子填充在最低未占有分子轨道上所需的能量相应于电子亲合势 E_A,此时有机发光材料发生了还原反应。

图 4-1 表示物质 A 的分子轨道(MO)是最高的满的 MO 和最低的空的 MO。图中分别近似地对应于 A/A⁻ 和 A⁺/A 个的 $E^α$。图例体系表示在质子惰性溶剂中(例如乙腈)在铂电极上的芳香族烃(例如 9,10-二苯基蒽)。

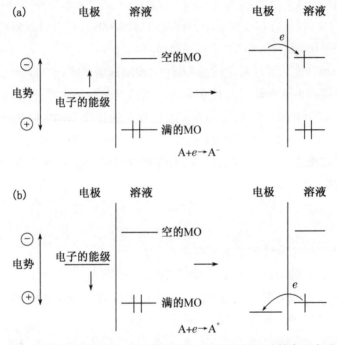

图 4-1 溶液中物质 A 的还原过程(a)和氧化过程(b)的表示方法

在电化学池中当给工作电极施加一定的正电位相对于参比电极电位时,吸附在电极表面的有机发光材料分子失去其价带上的电子发生电化学氧化反应,当施加更高的正电位时,电极表面上电化学氧化反应继续进行。此时工作电极上有机发光材料发生电化学氧化反应的起始电位 E^{ox} 即对应于 HOMO 能级。同样地,当给工作电极施加一定的负电位相对于参比电极电位时,吸附在电极表面的有机发光材料分子将在其导带上得到电子发生电化学还原反应,当继续增加此负电位时电极表面上,电化学还原反应继续进行。此时工作电极上有机发光材料发生电化学还原反应的起始电位 E^{red} 即对应于 LUMO 能级。

一般通过测定有机物的氧化电位 E^{ox} 以直接推算 HOMO 能级数值,再结合光谱或能谱法测得的带隙 E_g,间接计算出 LUMO 能级数值。

标准氢电极(NHE)电位相对于真空能级为 $-4.5\ eV$,所以由电化学结果计算能

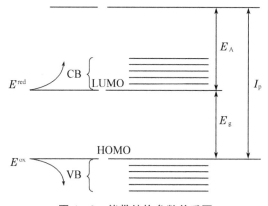

图 4－2　能带结构参数关系图

级的公式为：

$$E_{HOMO}=I_p=eE^{ox}+4.5 \qquad E_{LUMO}=E_A=eE^{red}+4.5$$

用饱和甘汞电极（SCE）作参比电极，它相对于 NHE 电位为 0.24 eV，则计算能级的公式为：

$$E_{HOMO}=eE^{ox}+4.5+0.24=eE^{ox}+4.74 \text{ eV}$$

$$E_{LUMO}=eE^{red}+4.5+0.24=eE^{red}+4.74 \text{ eV}$$

$$E_g=E_{HOMO}-E_{LUMO}$$

能还可以由吸收光谱得出隙：$E_g=hc/\lambda_{abs}=1\,240/\lambda_{abs}$

$$LUMO=HOMO-E_g$$

循环伏安法：可以较为精确地测定有机物的 HOMO 和 LUMO 能级，可以为实现电极材料、发光材料和载流子传输材料之间的能带匹配，优化器件结构，提高器件效率提供理论上的数据。所以本实验以四丁基高氯酸铵做支持电解剂（浓度为 0.05 mol/L），在一个三电极体系（参比电为 Ag/AgCl 电极或饱和甘汞电极，玻碳电极作为工作电极，铂电极为对电极），以二氯甲烷为溶液，扫描速度为 100 mV/s，仪器参数设置：High E＝2.5 V，Low E＝－2.5 V，Scan Rate(V/s)＝0.1，Segment＝4，Smpl interval(V)＝0.001，Quiet Time(s)＝4，Sensitivity(A/V)＝$1e^{-4}$。

表 4－1　常用参比电极的电极电势

参比电极	温度/℃	电极电势/V
Hg|Hg$_2$Cl$_2$|饱和 KCl	25	0.245
Hg|Hg$_2$Cl$_2$|1N KCl	25	0.280 1
Hg|Hg$_2$Cl$_2$|0.1N KCl	25	0.333 7
Ag|AgCl|饱和 KCl	25	0.198 1
Ag|AgCl|0.1N HCl	25	0.287
Hg|HgO|0.1N NaOH	25	0.164

附　录

附录 1　实验室常用酸、碱溶液的浓度

溶液名称	密度/g·mL^{-1}(20 ℃)	质量百分数	物质的量浓度/mol·L^{-1}
H_2SO_4(浓)	1.84	98%	18
H_2SO_4(稀)	1.18 1.16	25% 9.1%	3 1
HNO_3(浓)	1.42	68%	16
HNO_3(稀)	1.20 1.07	32% 12%	6 2
HCl(浓)	1.19	38%	12
HCl(稀)	1.10 1.033	20% 7%	6 2
H_3PO_4	1.7	86%	15
$HClO_4$(浓)	1.7~1.75	70%~72%	12
$HClO_4$(稀)	1.12	19%	2
冰醋酸	1.05	99%~100%	17.5
HAc(稀)	1.02	12%	2
氢氟酸(HF)	1.13	40%	23
浓氨水($NH_3·H_2O$)	0.90	27%	14
稀氨水	0.98	3.5%	2
NaOH(浓)	1.43 1.33	40% 30%	14 13
NaOH(稀)	1.09	8%	2
$Ba(OH)_2$(饱和)	/	2%	~0.1%
$Ca(OH)_2$(饱和)	/	0.15%	

附录 2　常用指示剂

1. 酸碱指示剂

指示剂名称	变色范围(pH)	颜色变化	溶液配制方法
茜素黄 R	1.9～3.3	红—黄	0.1％水溶液
甲基橙	3.1～4.4	红—橙黄	0.1％水溶液
溴酚蓝	3.0～4.6	黄—蓝	0.1 g 溴酚蓝溶于 100 mL 20％乙醇中
刚果红	3.0～5.2	蓝紫—红	0.1％水溶液
茜素红 S	3.7～5.2	黄—紫	0.1％水溶液
溴甲酚绿	3.8～5.4	黄—蓝	0.1 g 溴甲酚绿溶于 100 mL 20％乙醇中
甲基红	4.4～6.2	红—黄	0.1 g 甲基红溶于 100 mL 60％乙醇中
溴百里酚蓝	6.0～7.6	黄—蓝	0.05 g 溴百里酚蓝溶于 100 mL 20％乙醇中
中性红	6.8～8.0	红—黄橙	0.1 g 中性红溶于 100 mL 60％乙醇中
甲酚红	7.2～8.8	亮黄—紫红	0.1 g 甲酚红溶于 100 mL 50％乙醇中
百里酚蓝 (麝香草酚蓝)	第一次变色 1.2～2.8 第二次变色 8.0～9.6	红—黄 黄—蓝	0.1 g 百里酚蓝溶于 100 mL 20％乙醇中
酚酞	8.2～10.0	无—红	0.1 g 酚酞溶于 100 mL 60％乙醇中
麝香草酚酞 (百里酚酞)	9.4～10.6	无—蓝	0.1 g 麝香草酚酞溶于 100 mL 90％乙醇中

2. 酸碱混合指示剂

指示剂溶液的组成	变色点的 pH 值	颜色		备注
		酸色	碱色	
1 份 0.1％甲基黄乙醇溶液 1 份 0.1％亚甲基蓝乙醇溶液	3.25	蓝紫	绿	pH=3.2 蓝紫色 pH=3.4 绿色
1 份 0.1％甲基橙水溶液 1 份 0.1％靛蓝二磺酸钠水溶液	4.1	紫	黄绿	pH=4.1 灰色
1 份 0.1％溴甲酚绿乙醇溶液 1 份 0.1％甲基红乙醇溶液	5.1	酒红	绿	颜色变化极显著
1 份 0.1％溴甲酚绿钠盐水溶液 1 份 0.1％氯酚红钠盐水溶液	6.1	黄绿	蓝紫	pH=5.4 蓝绿色 pH=5.8 蓝色 pH=6.0 蓝微带紫色 pH=6.2 蓝紫色

（续表）

指示剂溶液的组成	变色点的 pH	颜色		备注
		酸色	碱色	
1 份 0.1% 中性红乙醇溶液 1 份 0.1% 亚甲基蓝乙醇溶液	7.0	蓝紫	绿	pH=7.0 蓝紫色
1 份 0.1% 甲酚红钠盐水溶液 1 份 0.1% 百里酚蓝钠盐水溶液	8.3	黄	紫	pH=8.2 粉色 pH=8.4 紫色
1 份 0.1% 酚酞乙醇溶液	8.9	绿	紫	pH=8.8 浅蓝色 pH=9.0 紫色
1 份 0.1% 酚酞乙醇溶液 1 份 0.1% 百里酚乙醇溶液	9.9	无	紫	pH=9.6 玫瑰色 pH=10.0 紫色

3. 吸附指示剂

指示剂名称	待测离子	滴定剂	颜色变化	适用的 pH
荧光黄（荧光素）	Cl^-	Ag^+	黄绿色（有荧光）→粉红色	7~10
二氯荧光黄	Cl^-	Ag^+	黄绿色（有荧光）→红色	4~10
曙红（四溴荧光黄）	Br^-、I^-、SCN^-	Ag^+	橙黄色（有荧光）→红紫色	2~10
酚藏红	Cl^-、Br^-	Ag^+	红色→蓝色	酸性

4. 金属指示剂

指示剂名称	颜色		配制方法
	游离态	化合态	
铬黑 T（EBT）	蓝	酒红	① 将 0.5 g 铬黑 T 溶于 100 mL 水中 ② 将 1 g 铬黑 T 与 100 g NaCl 研细、混匀
钙指示剂	蓝	红	将 0.5 g 钙指示剂与 100 g NaCl 研细、混匀
二甲基橙（XO）	黄	红	将 0.1 g 二甲基橙溶于 100 mL 水中
K-B 指示剂	蓝	红	将 0.5 g 酸性铬蓝 K 加 1.25 g 奈酚 B，再加 25 g KNO_3 研细、混匀
磺基水杨酸	无色	红	将 1 g 磺基水杨酸溶于 100 mL 水中
吡啶偶氮奈酚（PAN）	黄	红	将 0.1 g 吡啶偶氮奈酚溶于 100 mL 乙醇中
邻苯二酚紫	紫	蓝	将 0.1 g 邻苯二酚紫溶于 100 mL 水中
钙镁试剂（calmagite）	红	蓝	将 0.5 g 钙镁试剂溶于 100 mL 水中

5. 氧化还原指示剂

指示剂名称	变色电位 $\varphi^{\ominus}/V$	颜色		配制方法
		氧化态	还原态	
二苯胺	0.76	紫	无色	将 1 g 二苯胺在搅拌下溶于 100 mL 浓硫酸和 100 mL 浓磷酸,贮于棕色瓶中
二苯胺磺酸钠	0.85	紫	无色	将 0.5 g 二苯胺磺酸钠溶于 100 mL 水中,必要时过滤
邻苯氨基苯甲酸	0.89	紫红	无色	将 0.2 g 邻苯氨基苯甲酸加热溶解在100 mL 0.2% Na_2CO_3 溶液中,必要时过滤
邻二氮菲硫酸亚铁	1.06	浅蓝	红	将 0.5 g $FeSO_4 \cdot 7H_2O$ 溶于 100 mL 水中,加 2 滴 H_2SO_4,加 0.5 g 邻二氮菲

附录 3　常用基准物质的干燥条件和应用范围

基准物质		干燥后组成	干燥条件/℃	标定对象
名称	化学式			
碳酸氢钠	$NaHCO_3$	Na_2CO_3	270～300	酸
碳酸钠	$NaCO_3 \cdot 10H_2O$	Na_2CO_3	270～300	酸
硼砂	$Na_2B_4O_7 \cdot 10H_2O$	$Na_2B_4O_7 \cdot 10H_2O$	放在含 NaCl 和蔗糖饱和液的干燥器中	酸
碳酸氢钾	$KHCO_3$	K_2CO_3	270～300	酸
草酸	$H_2C_2O_4 \cdot 2H_2O$	$H_2C_2O_4 \cdot 2H_2O$	室温空气干燥	碱或 $KMnO_4$
邻苯二甲酸氢钾	$KHC_8H_4O_4$	$KHC_8H_4O_4$	110～120	碱
重铬酸钾	$K_2Cr_2O_7$	$K_2Cr_2O_7$	140～150	还原剂
溴酸钾	$KBrO_3$	$KBrO_3$	130	还原剂
碘酸钾	KIO_3	KIO_3	130	还原剂
铜	Cu	Cu	室温干燥器中保存	还原剂
三氧化二砷	As_2O_3	As_2O_3	同上	氧化剂
草酸钠	$Na_2C_2O_4$	$Na_2C_2O_4$	130	氧化剂
碳酸钙	$CaCO_3$	$CaCO_3$	110	EDTA
锌	Zn	Zn	室温干燥器中保存	EDTA
氧化锌	ZnO	ZnO	900～1 000	EDTA
氯化钠	NaCl	NaCl	500～600	$AgNO_3$

(续表)

基准物质		干燥后组成	干燥条件/℃	标定对象
名称	化学式			
氯化钾	KCl	KCl	500~600	AgNO₃
硝酸银	AgNO₃	AgNO₃	180~290	氯化物
氨基磺酸	HOSO₂NH₂	HOSO₂NH₂	室温干燥器中保存48 h	碱
氟化钠	NaF	NaF	铂坩埚中500~550 ℃下保存40~50 min后，H₂SO₄干燥器中冷却	

附录4　合成文献中经常遇到的缩略语

a electron-pair acceptor site　　电子对-接受体位置

Ac　acetyl(e. g. AcOH＝acetic acid)　　乙酰基(如 AcOH 乙酸)

Acac　acetylacetonate　　乙酰丙酮酸酯

Addn　addition　　加入

AIBN　α,α′-azobisisobutyroniytile　　α,α′-偶氮双异丁腈

Am　amyl＝pentyl　　戊基

anh　anhydrous　　无水的

aq　aqueous　　水性的/含水的

Ar　aryl, heteroaryl　　芳基,杂芳基

az dist　azeotropic distilation　　共沸精馏

9-BBN　9-borobicyclo[3.3.1]nonane　　9-硼双环[3.3.1]壬烷

BINAP　(R)-(＋)-2,2′-bis (diphenylphosphino)-1,1′-binaphthyl (R)-(＋)2,2′-二(二苯基膦)-1,1′-二萘

Boc　t-butoxycarbonyl　　叔丁基羰基

Bu　butyl　　丁基

t-Bu　t-butyl　　叔丁基

t-BuOOH　tert-butyl hudroperoxide　　叔丁基过氧醇

n-BuOTS　n-butyl tosylate　　对甲苯磺酸正丁酯

Bz　benzoyl　　苯甲酰基

Bzl　benzyl　　苄基

Bz₂O₂　dibenzoyl peroxide　　过氧化苯甲酰

CAN　cerium ammonirm nitrate　　硝酸铈铵

Cat　catalyst　　　　催化剂

Cb　Cbz benzoxycarbonyl　　　　苄氧羰基

CC　column chromatography　　　　柱色谱(法)

CDI　N,N′-carbonyldiimidazole　　　　N,N′-碳酰(羰基)二咪唑

Cet　cetyl＝hexadecyl　　　　十六烷基

Ch　cyclohexyl　　　环己烷基

CHPCA　cyclohexaneperoxycarboxylic acid　　　　环己基过氧酸

conc　concentrated　　　浓的

Cp　cyclopentyl,cyclopentadienyl　　　　环戊基,环戊二烯基

CTEAB　cetyltriethylammonium bromide　　　　溴代十六烷基三乙基铵

CTEAB　cetyltrimethylammonium buomide　　　　溴代十六烷基三甲基铵

d　extrorotatory　　　右旋的

electron-pair donor site　电子队-供体位置

reflux, hea　回流/加热

DABCO　1,4-diazabicyclo[2.2.2]octane　　　　1,4-二氮杂二环[2.2.2]辛烷

DBN　1,5-diazabicyclo[4.3.0]non-5-ene　　　　1,5-二氮杂二环[4.3.0]壬烯-5

DBPO　dibenzoyl peroxide　　　　过氧化二苯甲酰

DBU　1,5-dizzabicyclo[5.4.0]undecen-5-ene　　　　1,5-二氮杂二环[5.4.0]十一烯-5

o-DCB　ortho dichlorobenzene　　　　邻二氯苯

DCC　dicyclohexyl carbodiimide　　　　二环己基碳二亚胺

DCE　1,2-dichloroethane　　　　1,2-二氯乙烷

DCU　1,3-dicyclohexylurea　　　　1,3-二环己基脲

DDQ　2,3-dichloro-5,6-dicyano-1,4-benzoquinone　　　　2,3-二氯-5,6-二氰基对苯醌

DEAD　diethyl azodicarboxylate　　　　偶氮二羧酸乙酯

Dec　decyl　　　癸基,十碳烷基

DEG　diethylene glycol＝3-oxapentane-1,5-diol　　　　二甘醇

DEPC　diethyl phosphoryl cyanide　　　　氰代磷酸二乙酯

deriv　derivative　　　衍生物

DET　diethyl tartrate　　　酒石酸二乙酯

DHP　3,4-dihydro-2H-pyran　　　　3,4-二氢-2H-吡喃

DHQ　dihydroquinine　　　　二氢奎宁

DIBAH, DIBAL　diisobutylaluminum　　　　氢化二异丁基氯
hydride＝hdrobis-(2-methylpropyl)aluminum diglyme ditthylene glycol dimethyl ether　　　二甲醇二甲醚

dil   dilute   稀释的

diln   dilution   稀释

Diox   dioxane   二恶烷/二氧六烷

DIPT   diisopropyl tartrate 酒石酸二异丙酯

DISIAB   disiamylborane＝di-sec＝isoamylborane   二仲异戊基硼烷

Dist   distillation   蒸馏

dl   racemic(rac.)mixture of dextro-and   外消旋混合物

DMA   N,N-dimethylacetamide   N,N′-二甲基乙酰胺

DMAP   4-dimethylaminopyridine oxide   4-二甲氨基吡啶

DMAPO   4-dimethylaminopyridine oxide   4-二甲氨基吡啶氧化物

DME   1,2-dimethoxyethane＝glyme   甘醇二甲醚

DMF   N,N-dimethylformamide   N-N-二甲基甲酰胺

DMSO   dimethyl sulfoxide   二甲亚砜

Dmso   anion of DMSO, "dimsyl" anion   二甲亚砜的碳负离子

Dod   dodecyl   十二烷基

DPPA   diphenylphosphoryl azide   叠氮化磷酸二苯酯

DTEAB   decyltriethylammonium bromide   溴代癸基三乙基胺

EDA   ethylene diamine   1,2-乙二胺

EDTA   ethylene diamine-N,N,N′,N′-tetraacetate   乙二胺四乙酸

e.e(ee)   enantiomeric excess;0％ee＝racemization   对映体过量
100％ee＝stereospecific reaction

EG   ethylene glycol＝1,2-ethanediol   1,2-亚乙基乙醇

E,I   electrochem induced   电化学诱导的

Et   ethyl(e.g. EtOH,EtOAc)   乙基

Fmoc   9-fluorenylmethoxycarbonyl   9-芴甲氧羰基

Gas,g   gaseous   气体的,气相

GC   gas chromatography   气相色谱(法)

Gly   glycine   甘氨酸

Glyme   1,2-dimethoxyethane(＝DME)   甘醇二甲醚

Hal   halo,halide   卤素,卤化物

Hep   heptyl   庚基

Hex   hexyl   己基

HCA   hexachloroacetone   六氯丙酮

HMDS   hexamethyl disilazane＝bis(trimethylsilyl)amine   双(三甲基硅基)

HMPA, HMPTA   N,N,N′,N′,N″,N″-hexamethylphosphoramide   六甲基磷酰胺

$h\nu$　irradation　　　照光(紫外光)

HOMO　highest occupied molecular orbital　　　最高已占分子轨道

HPLC　high-pressure liquid chromatography　　　高效液相色谱

HTEAB　hexyltriethylammonium bromide　　　溴代己基三乙基铵

Huning base　1-(dimethylamino)naphthalene　　　1-二甲氨基萘

i-iso-(e. g. i-Bu＝isobutyl)　　　异-(如 i-Bu＝异丁基)

inh　inhibitor　　　抑制剂

IPC　isopinocamphenyl　　　异蒎烯基

IR　infra-red(absorption)spectra　　　红外(吸收)光谱

L　ligand　　　配(位)体

L　leborotatory　　　左旋的

LAH　lithium aluminum hydride　　　氢化铝锂

LDA　lithium diisopropylamide　　　二异丙基酰胺锂

Leu　leucine　　　亮氨酸

LHMDS　Li hexamethyldisilazide　　　六甲基二硅烷重氮锂

Liq,l　liquid　　　液体,液相

Ln　lanthanide　　　稀土金属

LTA　lead tetraacetate　　　四乙酸铅

LTEAB　lautyltrethylammonium bromide　　　溴代十二烷基三乙基铵

LUMO　lowest unoccupied molecular orbital　　　最低空分子轨道

M　metal　　　金属

Transition metal complex　　　过渡金属配位化合物

MBK　methyl isobutyl ketone　　　甲基异丁基酮

MCPBA　m-chloroperoxybenzoic acid　　　间氯过氧苯甲酸

Me　methyl (e. g. MeOH,MeCN)　　　甲基

MEM　methoxyethoxymethyl　　　甲氧乙氧甲基

Mes,Ms　mesyl＝methanesulfonyl　　　甲磺酰基

MOM　methoxymethyl　　　甲氧甲基

MS　mass spectra　　　质谱

MW　microwave　　　微波

n-　normal　　　正-

NBA　N-bromo-acetamide　　　N-溴乙酰胺

NBP　N-bromo-phthalimide　　　N-溴酞酰亚胺

NBS　N-bromo-succinimiee　　　N-溴丁二酰亚胺

NCS　N-chloro-succinimide　　　N-氯丁二酰亚胺

NIS　N-iodo-succininide　　　N-碘丁二酰亚胺

NMO　N-methylmorpholine　　N-oxide N-甲基吗啉-N-氧化物

NMR　nuclear magnetic resonance spectra　　核磁共振光谱

Non　nonyl　　壬基

Nu　nucleophile　　亲核试剂

Oct　octyl　　辛基

o. p.　optical purity:0%o. p.＝racemata,100%o. p.＝pure enantiomer
光学纯度

OTEAB　octyltriethylammonium bromide　　溴代辛基三乙基胺

p　pressure　　压力

PCC　pyridinium chlorochromate　　氯铬酸吡啶嗡盐

PDC　pyridinium fluorochromate　　重铬酸吡啶嗡盐

PE　petrol ther＝light petroleum　　石油醚

PFC　pyridinium fluorochromate　　氟铬酸吡啶嗡盐

Pen　pentyl　　戊基

Ph　phenyl(e. g. PhH＝benzene, PhOH＝phenol)　　苯基(PhH＝苯,
PhOH＝苯酚)

Phth　phthaloyl＝1,2-phenylenedicarbonyl　　邻苯二甲酰基

Pin　3-pinanyl　　3-蒎烷基

polym　polymeric　　聚合的

PPA　polyphosphoric acid　　聚磷酸

PPE　polyphosphoric ester　　多聚磷酸酯

PPSE　polyphosphoric acid trimethylsilyl ester　　多聚磷酸三甲硅酯

PPTS　pyridinium p-toluenesulfonate　　对甲苯磺酸吡啶盐

Pr　propyl　　丙基

Prot　protecting group　　保护基

Pr　pyridine　　吡啶

R　alkyl,etc　　烷基等

rac　racemic　　外消旋的

r. t.　room temperature＝20～25 ℃　　室温＝20～25 ℃

s-　sec-　　仲-

satd　saturated　　饱和的

s　second　　秒

sens　sensitizer　　敏化剂,增感剂

sepn　separation　　分离

sia　sec-isoamyl＝1,2-dimethylpropyl　　仲异戊基

sol　solid　　固体

soln　solutin　　　溶液

t-　tert-　　　叔-

T　thymine　　　胸腺嘧啶

TBA　tribenzylammonium　　　三苄基胺

TBAB　tetrabutylammonium bromide　　　溴代四丁基铵

TBAHS　tetrabutylammonium hydrogensulfate　　　四丁基硫酸氢铵

TBAI　tetrabutylammonium iodide　　　碘代四丁基铵

TBAC　tetrabutylammonium chloride　　　氯代四丁基铵

TBATFA　tetrabutylammonium trifluoroacetate　　　四丁胺三氟醋酸盐

TBDMS　tert-butyldimethylsilyl　　　叔丁基二甲基硅烷基

TCC　trichlorocyanuric acid　　　三氯氰尿酸

TCQ　tetrachlorobenzoquinone　　　四氯苯醌

TEA　triethylamine　　　三乙(基)胺

TEBA　triethylbenzylammonium salt　　　三乙基苄基胺盐

TEBAB　triethylbenzylammonium bromide　　　溴代三乙基苄基铵

TEBAC　trifloromethanesulfonyl chloride　　　氯代三乙基苄基铵

TEG　triethylene-glycol　　　三甘醇,二缩三(乙二醇)

Tf　trifloromethanesulfonyl=triflyl　　　三氟甲磺酰基

TFA　trifluoroacetic acid　　　三氟醋酸

TFMeS　trifloromethanesulfonyl=triflyl　　　三氟甲磺酰基

TFSA　trifloromethanesulfonic acid　　　三氟甲磺酸

THF　tetrahydrofuran　　　四氢呋喃

THP　trtrahydropyranyl　　　四氢吡喃基

TLC　thin-layer chromatography　　　薄层色谱

TMAB　tetramethylammonium bromide　　　溴代四甲基铵

TMEDA　N,N,N′,N′-tetramethyl-ethylenediamine　　　N,N,N′,N′-四甲基乙二胺

［1,2-bis(dimethylamino)ethane］

TMS　trimethylsilyl　　　三甲硅烷基

TMSCl　trimethylchlorosilane=Tms chloride　　　氯代三甲基硅烷

TMSI　trimethylsilyl iodide　　　碘代三甲基硅烷

TOMAC　trioctadecylmethylamminium chloride　　　氯代三(十八烷基)甲基铵

p-T-Oac　3-O-acetyl thymidylic acid　　　3-O-乙酰基胸苷酸

Tol　toluene 甲苯

TOMACl　trioctylmonomeetthylammonium chloride　　　氯代三辛基甲基铵

TPAB　tetrapropylammonium bromide　　溴代四丙基铵

TPAP　tetrapropylammonium perruthenate　　四丙基铵过钌酸盐

TPS　2,4,6-Triisopropylbenzenesulfonyl chloride　　2,4,6-三异丙基苯磺酰氯

Tr　trityl　　三苯甲基

triglyme　triethylene glycoldimethyl ether　　三甘醇二甲醚

Ts　tosyl＝4-toluenesulfonyl　　对甲苯磺酰基

TsCl　tosyl chloride(p-toluenesulfonyl chloride)　　对甲苯磺酰氯

TsH　4-toluenesulfinic acid　　对甲苯亚磺酸

TsOH　4-toluenesulfonic acid　　对甲苯磺酸

TsOMe　methyl p-toluenesulfonate　　对甲苯磺酸甲酯

TTFA　thalium(3＋)trifluoroacetate　　三氟乙酸铊(3＋)

TTN　thalium(3＋)trinitrate　　三硝酸铊(3＋)

Und　undecyl　　十一烷基

UV　ultraviolet spectra　　紫外光谱

X,Y　mostly halogen,sulfonate,etc　　大多数指卤素,磺酸酯基等

Xyl　xylene　　二甲苯

Z　mostly leectron-withdrawing group　　大多数指电子基

参考文献

〔1〕周春隆.精细化工实验法〔M〕.北京:中国石化出版社,1998.

〔2〕徐克勋.精细有机化工原料及中间体手册〔M〕.北京:化学工业出版社,1998.

〔3〕张招贵.精细有机合成与设计〔M〕.北京:化学工业出版社,2003.

〔4〕杜志强.综合化学实验〔M〕.北京:科学出版社,2005.

〔5〕张友兰.有机精细化学品合成及应用实验〔M〕.北京:化学工业出版社,2005.

〔6〕强亮生,王慎敏.精细化工实验(第三版)〔M〕.哈尔滨:哈尔滨工业大学出版社,1999.

〔7〕张景河.现代润滑油与染料添加剂〔M〕.北京:中国石化出版社,1992.

〔8〕王尊本.综合化学实验(第二版)〔M〕.北京:科学出版社,2007.